Christine Lassig

Das Pariser Klimaabkommen

Christine Lassig

# Das Pariser Klimaabkommen

## Ziele, Wirkungen und Reformperspektiven

Tectum Verlag

Christine Lassig
Das Pariser Klimaabkommen
Ziele, Wirkungen und Reformperspektiven


ISBN 978-3-8288-4743-9
ePDF 978-3-8288-7843-3

Gesamtverantwortung für Druck und Herstellung
bei der Nomos Verlagsgesellschaft mbH & Co. KG

Printed in Germany



Besuchen Sie uns im Internet
www.tectum-verlag.de

**Bibliografische Informationen der Deutschen Nationalbibliothek**
Die Deutsche Nationalbibliothek verzeichnet diese Publikation in der Deutschen Nationalbibliografie; detaillierte bibliografische Angaben sind im Internet über http://dnb.d-nb.de abrufbar.

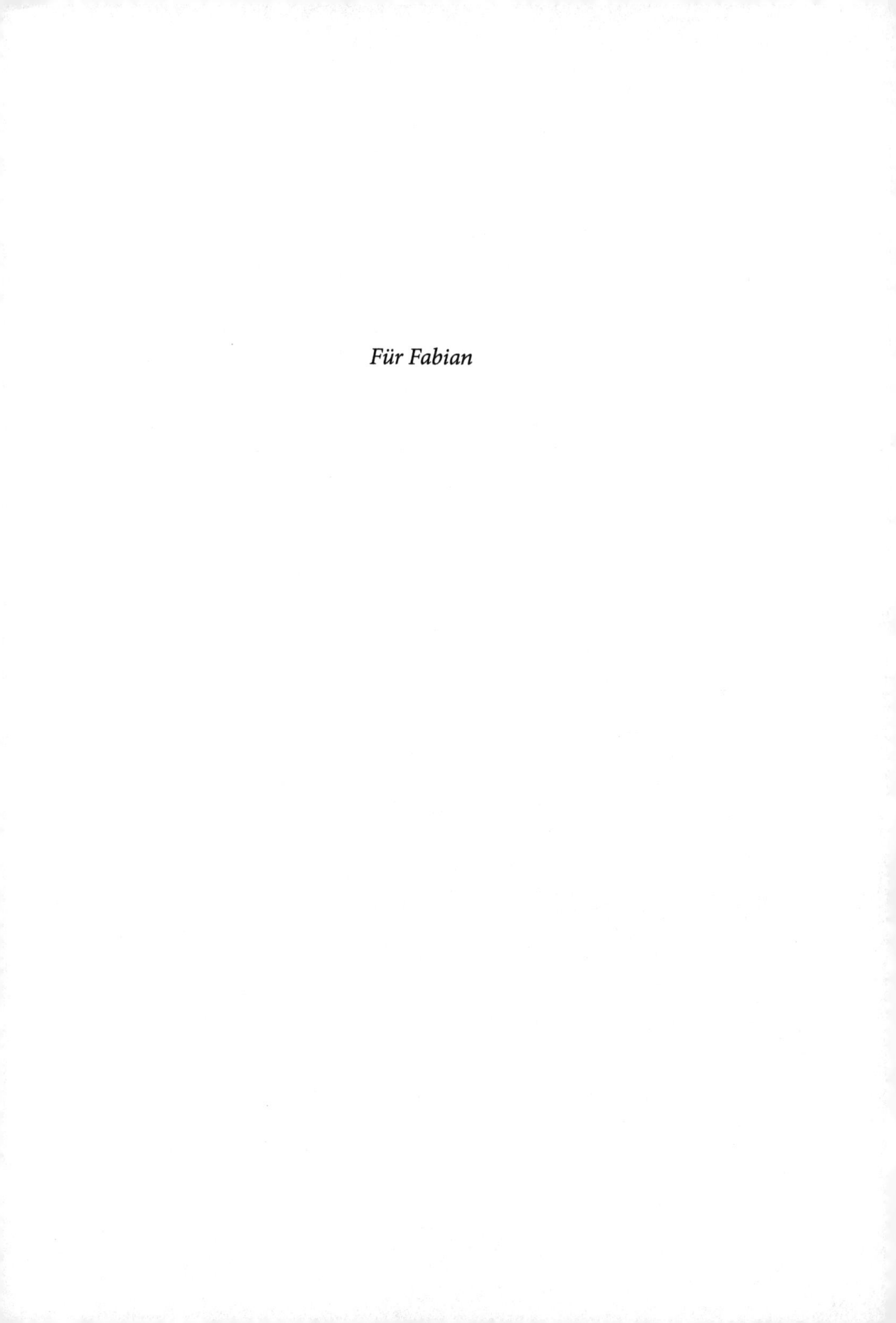

*Für Fabian*

## Vorwort

Am 12. Dezember 2015 wurde in Paris Geschichte geschrieben, indem auf der „COP 21" genannten internationalen Klimakonferenz das Pariser Abkommen beschlossen wurde, in dem sich die teilnehmenden Staaten dazu verpflichtet haben, die Weltwirtschaft auf klimafreundliche Weise zu verändern. Dies war aus dem Grund ein wesentlicher Entwicklungsschritt, als sich nach der vormaligen Regelung im sogenannten Kyoto-Protokoll nur einige wenige Industriestaaten dazu verpflichtet hatten, ihre Emissionen zu senken.

Nach dem Pariser Abkommen, das außergewöhnlich schnell am 4.11.2016 in Kraft getreten ist, haben fast alle Staaten der Erde nationale Klimaschutzziele definiert. Mit der Ratifizierung des Abkommens sind die Staaten völkerrechtlich verpflichtet, Maßnahmen zur Erreichung der Ziele zu ergreifen. Ein weiterer wichtiger Aspekt des Abkommens ist die Unterstützung ärmerer Staaten bei der Umsetzung ihrer Maßnahmen zum Klimaschutz in finanzieller Hinsicht sowie durch Wissens- und Technologietransfer. Die jeweiligen nationalen Klimaschutzziele werden von den Staaten selbst bestimmt, waren also nicht Gegenstand der Verhandlungen. Das Abkommen verpflichtet die Regierungen allerdings dazu, alle fünf Jahre neue Ziele vorzulegen, die deutlich ambitionierter als die vorherigen sein müssen. Ein Komitee zur Umsetzungskontrolle sowie Regeln zur Transparenz stellen sicher, dass die Staaten ihre Verpflichtungen einhalten.

*Christine Lassig* hat in ihrer ausgezeichneten Bachelorarbeit, die sie im Sommer 2021 im Rahmen eines Seminars zum Rechtsregime der Bekämpfung des anthropogenen Klimawandels in dem von mir geleiteten Schwerpunkt „Öffentliches Wirtschaftsrecht" an der EBS Law School vorgelegt hat, auf dem zur Verfügung stehenden Raum nicht nur präzise die Ziele des Pariser Abkommens herausgearbeitet und umsichtig in den Kontext der Entwicklung des Umweltvölkerrechts, speziell des Klimaschutzrechts, eingeordnet, sondern auch die normativen Wirkmechanismen sowie die tatsächlichen Auswirkungen bspw. auf die Emission klimaschädlicher Stoffe kenntnisreich herausgearbeitet.

Über die lex lata hinaus gehen die Abschnitte zu den Reformperspektiven, die sowohl an tatsächlich diskutierte Fragen anknüpfen als auch weiterführend (und besonders erfreulich) an Aspekte, die in der öffentlichen Debatte (noch) nicht im Vordergrund stehen. Nicht zuletzt das von Frau *Lassig* auf eigene Initiative geführte Interview mit der Leiterin (Exekutivsekretärin) des Sekretariats der Klimarahmenkonvention der Vereinten Nationen *Patricia Espinosa* hat weiterführende Impulse geliefert, welche die Bachelorarbeit auch für einen breiteren, an den Reformperspektiven des Pariser Abkommens interessierten Leserkreis nachhaltig wertvoll machen. So mündet die stringente Darstellung in einem erfreulichen weiterführenden Vorschlag eines Hybridmodells aus top down- und bottom up-Ansatz, der auch die im Interview gewonnen Erkenntnisse geschickt integriert.

Wiesbaden im Februar 2022

Prof. Dr. Dr. Martin Will,
M. A., LL. M. (Cambr.)

# Inhalt

## Abkürzungsverzeichnis

| | |
|---|---|
| CDR-Prinzip | Principle of Common but Differentiated Responsibility (Prinzip der gemeinsamen, aber differenzierten Verantwortlichkeit) |
| CMA | Conference of Parties serving as the Meeting of the Parties to the Paris Agreement (Vertragsstaatenkonferenz des Pariser Abkommens) |
| COP | Conference of Parties (Vertragsstaatenkonferenz der Klimarahmenkonvention) |
| DASR | Draft Articles on State Responsibility |
| INDC | Intended Nationally Determined Contributions (Beabsichtigte national bestimmte Beiträge) |
| IPCC | Intergovernmental Panel on Climate Change (Zwischenstaatlicher Ausschuss über Klimaveränderung) |
| KP | Kyoto-Protokoll |
| NDC | Nationally Determined Contributions (national bestimmte Beiträge) |
| PA | Pariser Abkommen |
| UNFCCC | United Nations Framework Convention on Climate Change (Klimarahmenkonvention) |
| WVK | Wiener Vertragsrechtskonvention |

Im Übrigen werden die üblichen Abkürzungen gebraucht, vgl.: *Kirchner, Hilbert:* Abkürzungsverzeichnis der Rechtssprache, 9. Auflage, Berlin 2018.

# A. Einleitung

Die „Tragik der Allmende" besagt, dass Nutzer eines allgemein zugänglichen Guts dieses so lange beanspruchen werden, bis es zerstört ist.[1] Eine solche Entwicklung zeichnet sich auch infolge der Nutzung der Atmosphäre als Senke für Treibhausgase ab.[2]

Seit Beginn der Industrialisierung (um 1880) hat sich die durchschnittliche Erdtemperatur bereits um ca. 1,1° C erhöht.[3] Schätzungen zufolge könnte dieser Wert bis Ende des 21. Jahrhunderts auf bis zu 4,8° C steigen.[4] Dies brächte katastrophale und für viele Menschen existenzbedrohende Folgen mit sich, die es aufzuhalten gilt.

Dass der anthropogene Klimawandel nicht durch individuelle Bemühungen einzelner Staaten, sondern nur durch ein kollektives Zusammenwirken aller Nutzer des globalen Allmendeguts „Klima" bewältigt werden kann, hat auch die internationale Staatengemeinschaft erkannt.

Vor diesem Hintergrund entwickelt sich der internationale Klimaschutz als einer der zentralen Regelungsgegenstände des Umweltvölkerrechts, welches seine Ursprünge in der Stockholmer Konferenz von 1972 hat,[5] stetig fort.

---

1 *Hardin*, The Tragedy of the Commons, S. 1245; *Markus*, ZaöRV 2016, 715, 733; Streck, ZUR 2019, 13, 15.

2 *Markus*, ZaöRV 2016, 715, 733.

3 IPCC, Synthesis Report 2014, S. 2; *Voland*, LTO 2018; *Voland/Engel*, NVwZ 2019, 1785, 1785.

4 IPCC, Synthesis Report 2014, S. 20.

5 Schlacke, Umweltrecht, § 8 Rn. 7; *Schmidt/Kahl/Gärditz*, Umweltrecht, § 1 Rn. 2.

Art. 2 der Klimarahmenkonvention[6] von 1992 verpflichtet aktuell 197 Vertragsparteien dazu, die Treibhausgaskonzentration in der Atmosphäre auf ein Niveau zu stabilisieren, auf dem eine gefährliche anthropogene Störung des Klimasystems verhindert wird. Wie dieses Ziel konkret erreicht werden kann, ist Gegenstand der jährlich angesetzten Vertragsstaatenkonferenz (COP).[7]

So wurde im Rahmen der COP3 das Kyoto-Protokoll[8] verabschiedet, das für seine erste Verpflichtungsperiode von 2008–2012 konkrete Pflichten zur Treibhausgasreduktion für 36 Industriestaaten festlegte.[9] Viele der größten Emittenten waren davon allerdings nicht erfasst, weshalb die Staatengemeinschaft 2009 auf der COP15 in Kopenhagen ein globales Nachfolgeabkommen zum Kyoto-Protokoll abschließen wollte.[10] Aufgrund widerstreitender Interessen gelang dies aber weder in Kopenhagen noch im Rahmen der folgenden fünf COPs.[11]

Umso euphorischer fielen demnach die Reaktionen aus, als sich 195 Staaten und die EU im Rahmen der COP21 2015 auf das Pariser Klimaabkommen (PA)[12] und eine dieses konkretisierende Begleitent-

---

6 Rahmenübereinkommen der Vereinten Nationen über Klimaveränderungen, BGBl. II 1993, S. 1784, in Kraft getreten am 21.3.1994.

7 Abkürzung folgt aus dem englischen Begriff „Conference of Parties"; zum Inhalt und den Ergebnissen der vergangenen COPs: https://unfccc.int/process/bodies/supreme-bodies/conference-of-the-parties-cop (alle Internetquellen wurden zuletzt am 2.1.2022 abgerufen).

8 BGBl. II 2002, S. 966, in Kraft getreten am 16.2.2005.

9 *Morgenstern/Dehnen*, ZUR 2016, 131, 131; *Saurer*, NuR 2019, 145, 146; *Schlacke*, Umweltrecht, § 8 Rn. 20; *Streck*, ZUR 2019, 13, 17.

10 *Kreuter-Kirchhof*, DVBl 2017, 97, 98; *Morgenstern/Dehnen*, ZUR 2016, 131, 131; *Saurer*, NuR 2019, 145, 148; *Savaresi*, Research Paper, S. 1; *Schlacke*, Umweltrecht, § 8 Rn. 20; *Schmidt/Kahl/Gärditz*, Umweltrecht, § 1 Rn. 11; *Streck*, ZUR 2019, 13, 17 f.

11 *Ekardt*, NVwZ 2016, 355, 356; *Kreuter-Kirchhof*, DVBl 2017, 97, 97; *Morgenstern/Dehnen*, ZUR 2016, 131, 131; *Savaresi*, Research Paper, S. 2 f.; *Schlacke*, Umweltrecht, § 8 Rn. 20; *Schmidt/Kahl/Gärditz*, Umweltrecht, § 1 Rn. 11; *Streck*, ZUR 2019, 13, 16.

12 Übereinkommen von Paris, BGBl. 2016 II, S. 1082, in Kraft getreten am 4.11.2016.

scheidung[13] einigen konnten.[14] Thema der vorliegenden Arbeit sind die Ziele, Wirkungen und Reformperspektiven dieses in Paris ausgehandelten Abkommens.

13 Entscheidung 1/CP.21, UN Doc. FCCC/CP/2015/10/Add.1.

14 *van Asselt*, Climate Law 2016, 91, 91; *Espinosa*, Anhang, S. 69; *Hendricks*, in: BMU, Pressemitteilung Nr. 344/15; *Kreuter-Kirchhof*, DVBl 2017, 97, 97.

# B. Hauptteil

## I. Ziele

Das übergeordnete Ziel des Pariser Abkommens ist die Bewältigung des Klimawandels und seiner Folgen. Dahinter stehen ethische und intergenerationelle Gerechtigkeitserwägungen,[15] auf denen bereits Art. 2 der Klimarahmenkonvention beruht, unter deren Dach das Pariser Abkommen konzipiert ist.[16]

Der folgende Abschnitt zeigt, wie diese Ziele Niederschlag im Pariser Abkommen gefunden haben (1.), wie sie erreicht werden sollen (2.) und inwiefern dies absehbar gelingen wird (3.).

### 1. Vertragliche Kodifikation der Ziele

Art. 2 I PA listet die drei wesentlichen Ziele des Abkommens auf.

#### a) Das 2 Grad Ziel

Das zentrale Ziel besteht darin, den globalen Temperaturanstieg auf deutlich unter 2°C über dem vorindustriellen Niveau zu halten und eine Begrenzung auf 1,5°C anzustreben, Art. 2 I lit. a) PA.

---

15 *Jahrmarkt*, Internationales Klimaschutzrecht, S. 383; *Kreuter-Kirchhof*, DVBl 2017, 97, 102.

16 *Ekardt/Wieding/Zorn*, Gutachten, S. 21; Jahrmarkt, Internationales Klimaschutzrecht, S. 273; *Morgenstern/Dehnen*, ZUR 2016, 131, 133; *Rajamani/Brunnée*, Journal of Environmental Law 2017, 537, 541; *Streck*, ZUR 2019, 13, 17.

Die 2 Grad Grenze stellt einen sog. „Kipp-Punkt" dar, dessen Überschreiten höchstwahrscheinlich sich selbst verstärkende Effekte auslösen und unumkehrbare Folgen verursachen würde.[17] Dass die Erderwärmung daher unter diesem Niveau gehalten werden muss, hat die Staatengemeinschaft schon vor 2015 erkannt und sich mehrfach zum sog. „2 Grad Ziel" bekannt.[18] Durch das Pariser Abkommen wird es allerdings erstmals in einem völkerrechtlichen Vertrag kodifiziert und darüber hinaus durch die Formulierung „deutlich unter" noch verschärft.[19]

Gem. Art. 4 I PA soll dieses Ziel unter anderem dadurch umgesetzt werden, dass der weltweite Scheitelpunkt der Treibhausgasemissionen schnellstmöglich erreicht wird und die Vertragsparteien bis 2050 sog. „Klimaneutralität" herstellen, also nicht mehr Treibhausgase ausstoßen, als die Erdatmosphäre abbauen kann.[20]

Damit könnte das in Art. 4 I PA festgesetzte Ziel dem des Art. 2 I lit. a) PA insofern widersprechen, als letzteres nach überwiegender Ansicht in der Naturwissenschaft[21] faktisch voraussetzt, dass globale Nullemissionen nicht erst „in der zweiten Hälfte dieses Jahrhunderts" (Art. 4 I PA) erreicht werden, sondern bereits um das Jahr 2035.[22]

---

17 IPCC, Synthesis Report 2014, S. 77; *Kreuter-Kirchhof*, DVBl 2017, 97, 99; *Stäsche*, EnWZ 2021, 151, 152 f.; *Ziehm*, ZUR 2018, 339, 339.

18 Entscheidung 2/CP.15, UN Doc. FCCC/CP/2009/11/Add.1, 4 ff.; Entscheidung 1/CP.16 Ziff. 4, UN Doc. FCCC/CP/2010/7/Add.1.

19 *Falkner*, International Affairs 2016, 1107, 1114; *Franzius*, ZUR 2017, 515, 517; *Kreuter-Kirchhof*, DVBl 2017, 97, 99; *Morgenstern/Dehnen*, ZUR 2016, 131, 133 f.; *Savaresi*, Research Paper, S. 5; *Schlacke*, ZUR 2016, 65, 65; *Schlacke*, Umweltrecht, § 8 Rn. 20.

20 *Falkner*, International Affairs 2016, 1107, 1115; Schlacke, ZUR 2016, 65, 65.

21 *Ekardt*, NVwZ 2016, 355, 357; *Ekardt/Wieding/Henkel*, Climate Justice 2019, S. 7; *Ekardt/Wieding/Stubenrauch*, ZUR 2018, 143, 146; *Ekardt/Wieding/Zorn*, Gutachten, S. 11; *Höhne/Sterl/ Kuramochi/Röschl*, Kurzstudie, S. 4; andere Ansicht: *Clémençon*, JED 2016, 3, 9.

22 *Ekardt/Wieding/Zorn*, Gutachten, S. 11.

Diesen Regelungswiderspruch gilt es mittels einer den Grundsätzen des Art. 31 Wiener Vertragsrechtskonvention (WVK)[23] folgenden Auslegung aufzulösen.

Für den Vorrang von Art. 2 I lit. a) PA spricht, dass er die übergeordnete Zielvorschrift des Pariser Abkommens darstellt, die durch Art. 4 PA lediglich umgesetzt werden soll.

Eine derartige Interpretation ist auch widerspruchsfrei möglich, da Art. 4 I PA nur eine Mindestanforderung normiert, die auch überboten werden darf. Räumte man hingegen Art. 4 I PA den Vorrang ein, könnte das verbindliche Ziel des Art. 2 I lit. a) PA mit hoher Wahrscheinlichkeit nicht mehr erreicht werden.[24]

Auch Telos und Entstehungsgeschichte von Art. 4 I PA verdeutlichen, dass diese Vorschrift zwar den Entwicklungs- und Schwellenländern mehr Zeit für Emissionsreduktionen gewähren, Industriestaaten dadurch aber keine Befugnis zur Verletzung des Art. 2 I lit. a) PA einräumen soll.[25]

Art. 4 I PA ist somit dahingehend teleologisch zu reduzieren (Art. 31 I WVK), dass die entwickelten Länder Klimaneutralität bis ca. 2035 und nicht erst bis 2050 anzustreben haben.

### b) Weitere Ziele des Art. 2 I PA

Mit Art. 2 I lit. b) PA bringen die Parteien das Bestreben zum Ausdruck, ihre Anpassungs- und Widerstandsfähigkeit gegenüber Klimaänderungen zu erhöhen.

Das Pariser Abkommen hebt die Notwendigkeit von Anpassungsmaßnahmen damit auf eine mit den Minderungsbemühungen vergleichbare Stufe, wodurch dieses von der Klimarahmenkonvention und dem Kyoto-Protokoll vergleichsweise vernachlässigte Thema erheblich an Bedeutung gewinnt.[26]

23 BGBl. 1985 II, S. 927.

24 *Ekardt/Wieding/Zorn*, Gutachten, S. 20.

25 *Ekardt/Wieding/Zorn*, Gutachten, S. 20 f.

26 *Böhringer*, ZaöRV 2016, 753, 774; Jahrmarkt, Internationales Klimaschutzrecht, S. 271; *Morgenstern/Dehnen*, ZUR 2016, 131, 135; Nückel, ZUR 2016, 525, 529.

Das dritte zentrale Ziel des Pariser Abkommens besteht darin, die Finanzmittelflüsse mit einer emissionsarmen und klimaresilienten Entwicklung in Einklang zu bringen, Art. 2 I lit. c) PA. Private und öffentliche Investitionen sollen daher klimafreundlich umgestaltet werden.[27]

## 2. Umsetzung der Ziele

### a) Vertragsmechanismen zur Zielerreichung

Um die Ziele des Art. 2 I PA zu erreichen, sieht das Abkommen Maßnahmen zur Emissionsminderung („mitigation")[28], Anpassung an den Klimawandel („adaptation")[29] und finanziellen Unterstützung klimabedingt geschädigter Staaten („loss and damage")[30] vor.

Die Umsetzung dieser Maßnahmen beruht auf fünf Mechanismen des Pariser Abkommens, die auf verschiedene Grenzen des Völkerrechts reagieren.[31]

#### aa) Bottom-up Ansatz

Das Kernelement des Pariser Abkommens ist der sog. „bottom-up Ansatz". Anders als noch das Kyoto-Protokoll schreibt das Pariser Abkommen den Staaten keine konkreten Reduktionspflichten vor (sog. „top-down Ansatz"), sondern verlangt, dass sie sich diese in Form von sog. „nationally determined contributions" (NDCs) selbst auferlegen, Art. 4 II 1 PA.[32]

---

27 *Morgenstern/Dehnen*, ZUR 2016, 131, 135.

28 Art. 3–6 PA.

29 Art. 7 PA.

30 Art. 8 PA.

31 *Kreuter-Kirchhof*, DVBl 2017, 97, 98.

32 *Böhringer*, ZaöRV 2016, 753, 762; *Clémençon*, JED 2016, 3, 7 f.; Deutscher Bundestag, Rechtsverbindlichkeit des PA, S. 7; *Frank*, ZUR 2016, 352, 352; *Kreuter-Kirchhof*, DVBl 2017, 97, 100; *Saurer*, NuR 2019, 145, 148; *Savaresi*, Research Paper, S. 5 f.; *Slaughter*, The Paris Approach to Global Governance; *Voland/Engel*, NVwZ 2019, 1785, 1786.

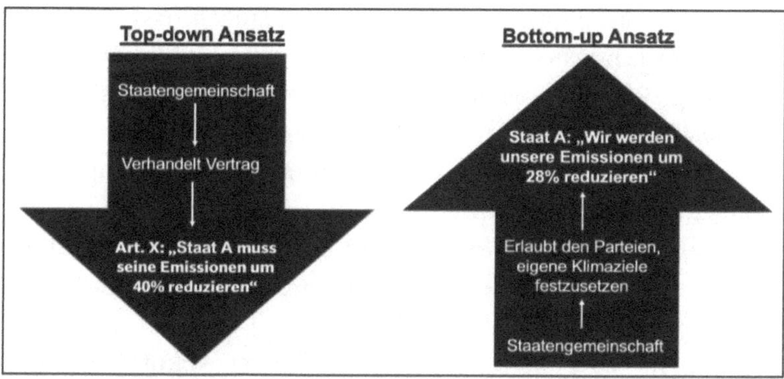


Abb. 1: Vergleich von Top-down und Bottom-up Ansatz

Aus dem Abkommen selbst folgt zwar die prozedurale Pflicht einer jeden Partei,[33] ab 2020 alle fünf Jahre aktualisierte NDCs einzureichen,[34] die ihre „größtmögliche Ambition" und eine Steigerung gegenüber ihrem vorherigen Beitrag darstellen (sog. „Ambitions- und Progressionsgebot", Art. 4 III PA).[35] Darüber hinausgehende inhaltliche Mindestanforderungen an die NDCs enthält das Pariser Abkommen hingegen nicht.[36]

Mit diesem Strategiewechsel von „obligation of result" zu „obligation of conduct"[37] reagiert das Pariser Abkommen auf die limitierte Durchsetzbarkeit als Grenze des Völkerrechts.[38]

33 *Böhringer*, ZaöRV 2016, 753, 754; *Kreuter-Kirchhof*, DVBl 2017, 97, 100; *Markus*, ZaöRV 2016, 715, 745; *Saurer*, NuR 2019, 145, 148; *Voland/Engel*, NVwZ 2019, 1785, 1785.

34 Vgl. Art. 4 II 1 PA i.V.m. Entscheidung 1/CP.21 Ziff. 23 f., UN Doc. FCCC/CP/2015/10/Add.1.

35 *Boysen*, ZUR 2018, 643, 649; Jahrmarkt, Internationales Klimaschutzrecht, S. 267; *Kreuter-Kirchhof*, DVBl 2017, 97, 102; *Markus*, ZaöRV 2016, 715, 745; *Voigt/Ferreira*, Climate Law 2016, 58, 72.

36 *Clémençon*, JED 2016, 3, 8; *Slaughter*, The Paris Approach to Global Governance.

37 *Böhringer*, ZaöRV 2016, 753, 780; *Franzius*, ZUR 2017, 515, 520.

38 *Kreuter-Kirchhof*, DVBl 2017, 97, 98; zur begrenzen Durchsetzbarkeit des Völkerrechts: *Ekardt/Wieding/Zorn*, Gutachten, S. 27; *Falk*, Voluntary International Law and the Paris Agreement; *Schmidt/Kahl/Gärditz*, Umweltrecht, § 1 Rn. 12.

Der bottom-up Ansatz beruht auf dem Gedanken, dass die Umsetzung völkerrechtlicher Verträge entscheidend vom Willen der Parteien abhängt. Pflichten, die sich ein Land selbst im Einklang mit seinen innerstaatlichen Interessen und Möglichkeiten auferlegt hat, wird es wahrscheinlicher erfüllen als solche, die ihm von der Staatengemeinschaft aufgedrängt wurden.[39]

Zudem erfüllen die Parteien ihre NDCs durch nationale Klimaschutzmaßnahmen, die den stärkeren Durchsetzungsmechanismen des innerstaatlichen Rechts unterliegen.[40]

Kritisiert wird allerdings, dass das Pariser Abkommen nicht gewährleisten kann, dass die individuellen NDCs hinreichend streng ausgestaltet sind, um das 2 Grad Ziel zu erreichen.[41]

#### bb) Globalität des Abkommens

Diese Kritik mag zwar berechtigt sein, jedoch ist der Wechsel vom top-down zum bottom-up Ansatz auch der Grund dafür, dass überhaupt 192 Staaten das Pariser Abkommen ratifiziert haben.[42]

In dieser Globalität des Abkommens liegt seine zweite Stärke, die auf die Grenze des Völkervertragsrechts im Raum reagiert.[43]

Mit Ausnahme der Nichtvertragsstaaten Iran, Irak, Yemen, Libyen und Erithräa[44] unterliegen nämlich weltweit alle Staaten den proze-

39 *Bodansky/Diringer*, Building Flexibility and Ambition into a 2015 Climate Agreement, S. 1; *Falkner*, International Affairs 2016, 1107, 1120; *Markus*, ZaöRV 2016, 715, 739 f.; *Streck*, ZUR 2019, 13, 20 f.

40 *Franzius*, ZUR 2017, 515, 522; *Kreuter-Kirchhof*, DVBl 2017, 97, 101; *Slaughter*, The Paris Approach to Global Governance.

41 *Clémençon*, JED 2016, 3, 18; *Falk*, Voluntary International Law and the Paris Agreement; *Spash*, Globalizations 2016, 928, 930; *Unger/Oppold*, Informationen zur politischen Bildung Nr. 347/2021, 60, 67.

42 *Falkner*, International Affairs 2016, 1107, 1114; *Jahrmarkt*, Internationales Klimaschutzrecht, S. 275; *Kreuter-Kirchhof*, DVBl 2017, 97, 100; *Markus*, ZaöRV 2016, 715, 743; *Voland/Engel*, NVwZ 2019, 1785, 1786.

43 *Kreuter-Kirchhof*, DVBl 2017, 97, 98.

44 Die Nichtvertragsstaaten des Pariser Abkommens sind in für nur 2,42 % der globalen Emissionen verantwortlich, vgl. Unger/Oppold, Informationen zur politischen Bildung Nr. 347/2021, 60, 64.

duralen Pflichten des Pariser Abkommens,[45] wodurch sein Wirkungsraum im Vergleich zum Kyoto-Protokoll, dessen Verpflichtungsadressaten lediglich 15 % der globalen Emissionen verantworteten,[46] erheblich ausgedehnt wurde. Das Pariser Abkommen tauscht somit konkrete Reduktionspflichten weniger Staaten gegen bestmögliche Minderungsanstrengungen aller ein.[47]

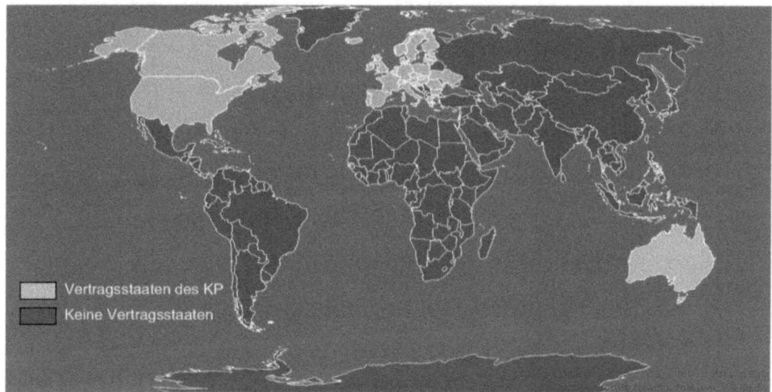


Abb. 2: Vertragsstaaten des Kyoto-Protokolls (2. Verpflichtungsperiode, 2013–2020)

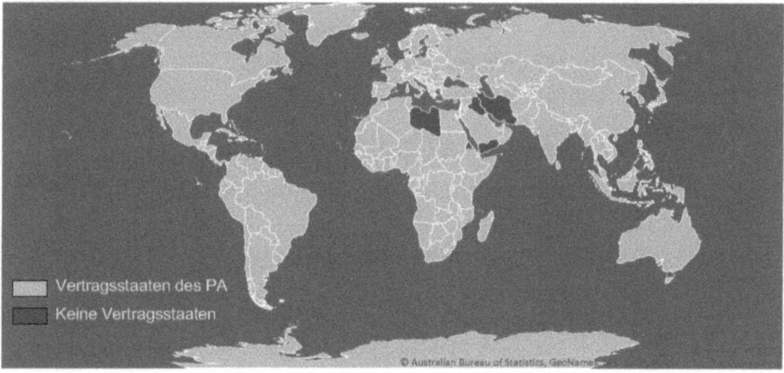


Abb. 3: Vertragsstaaten des Pariser Abkommens

45 Liste der Staaten, die das Pariser Abkommen ratifiziert haben: https://treaties.un.org/Pages/ViewDetails.aspx?src=TREATY&mtdsg_no=XXVII-7-d&chapter=27&clang=_en.

46 *Bodansky/Diringer*, Building Flexibility and Ambition into a 2015 Climate Agreement, S. 1; *Falkner*, International Affairs 2016, 1107, 1120; *Kreuter-Kirchhof*, DVBl 2017, 97, 98.

47 *Streck*, ZUR 2019, 13, 14; dies kritisierend: Jahrmarkt, Internationales Klimaschutzrecht, S. 278.

Die Anforderungen an die Staaten variieren allerdings je nach Entwicklungsstand des Landes (vgl. Art. 4 IV, VI, 7 X PA).[48] Diese Durchbrechung des Grundsatzes der souveränen Gleichheit der Staaten[49] ist durch das im Pariser Abkommen mehrfach erwähnte[50] Prinzip der gemeinsamen, aber unterschiedlichen Verantwortung (CDR-Prinzip[51]) gerechtfertigt.[52] Danach sind zwar alle Staaten für den Schutz der Erdatmosphäre verantwortlich, die Verantwortung der Industriestaaten ist jedoch aufgrund ihrer historisch größeren Schadensverantwortung und ihrer technologischen und finanziellen Mittel höher als die der Entwicklungs- und Schwellenländer.[53]

Das Pariser Abkommen entwickelt dieses Prinzip fort, indem es nicht an der starren Unterscheidung zwischen Industrie- und Entwicklungsländern festhält, sondern die „nationalen Gegebenheiten" (vgl. Art. 4 III PA) des jeweiligen Staats berücksichtigt.[54] Dadurch rückt es von der historisch-emissionsbasierten Interpretation des CDR-Prinzips[55] ab und stellt stattdessen die individuellen Fähigkeiten der Staaten in den Vordergrund.[56]

48 *Böhringer,* ZaöRV 2016, 753, 756; *Morgenstern/Dehnen,* ZUR 2016, 131, 134; *Rajamani,* ICLQ 2016, 493, 508 ff.; *Saurer,* NVwZ 2017, 1574, 1574 f.

49 *Epiney,* JuS 2003, 1066, 1068; *Kokott,* ZaöRV 2004, 517, 518 ff.; *Voigt/Ferreira,* Climate Law 2016, 58, 59.

50 Vgl. Präambel, Art. 2 II, 4 III, IXX PA.

51 Abkürzung folgt aus der englischen Bezeichnung „common but differentiated responsibilities".

52 *Epiney,* JuS 2003, 1066, 1068; *Kreuter-Kirchhof,* DVBl 2017, 97, 100; *Streck,* ZUR 2019, 13, 17.

53 *Jahrmarkt,* Internationales Klimaschutzrecht, S. 310 ff.; *Kreuter-Kirchhof,* DVBl 2017, 97, 100 f.; *Streck,* ZUR 2019, 13, 17; *Streck/von Unger/Krämer,* JEEPL 2019, 165, 183.

54 *Böhringer,* ZaöRV 2016, 753, 778; *Franzius,* ZUR 2017, 515, 518; *Kreuter-Kirchhof,* DVBl 2017, 97, 100 f.; *Markus,* ZaöRV 2016, 715, 746; *Rajamani,* ICLQ 2016, 493, 508; *Rajamani/Brunnée,* Journal of Environmental Law 2017, 537, 546; *Streck/von Unger/Krämer,* JEEPL 2019, 165, 184; *Voigt/Ferreira,* Climate Law 2016, 58, 65 f.

55 Zur historisch-emissionsbasierten Interpretation des CDR-Prinzips: *Bell,* The Monist, 391, 407; *Jahrmarkt,* Internationales Klimaschutzrecht, S. 319 ff.; *Rajamani,* RECIEL 2000, 120, 121 f.

56 *Streck/von Unger/Krämer,* JEEPL 2019, 165, 184.

Diese staatenspezifische Differenzierung ermöglicht es allen Ländern, die Vorgaben des Pariser Abkommens ihren Fähigkeiten entsprechend umzusetzen und am Klimaschutz mitzuwirken. Dadurch wiederum steigt das Risiko des Reputationsverlusts im Falle der Nicht-Beteiligung, was es unattraktiver für die Vertragsparteien macht, sich vom Pariser Abkommen zu lösen.[57]

#### cc) Transparenz

Die Angst vor einem Reputationsverlust macht sich das Pariser Abkommen auch mittels zahlreicher Transparenzpflichten zunutze, die das dritte Kernelement des Vertrags bilden.[58]

Gem. Art. 4 XII PA trägt das Klimasekretariat der Klimarahmenkonvention die NDCs in ein öffentliches Register ein. Außerdem übermitteln die Parteien alle zwei Jahre Berichte über den Fortschritt bei der Erfüllung ihrer Selbstverpflichtungen, Art. 13 VII PA.

Die individuellen Bemühungen der Staaten sind somit dem Urteil der Weltöffentlichkeit und dem damit einhergehenden politischen Druck ausgesetzt.[59] Mithilfe des hierdurch ermöglichten „naming and shamings" wirken die Transparenzmechanismen der Gefahr entgegen, dass Staaten inhaltsleere NDCs erklären oder zwar ambitionierte Reduktionsmaßnahmen versprechen, diese aber nicht einhalten.[60]

Darüber hinaus soll der sog. „erweiterte Transparenzrahmen" des Art. 13 PA das gegenseitige Vertrauen der Parteien darauf stär-

57 *Streck*, ZUR 2019, 13, 20; unbeeindruckt vom Reputationsverlust freilich die US-Administration unter Präsident Trump (Austritt der USA aus dem Pariser Abkommen am 4.11.2020, Wiedereintritt unter Präsident Biden am 19.2.2021).

58 *Kreuter-Kirchhof*, DVBl 2017, 97, 102; *von Unger*, ZUR 2018, 650, 653; *Voland/Engel*, NVwZ 2019, 1785, 1786.

59 *Jacquet/Jamieson*, Nature Climate Change 2016, 643, 645; *Jahrmarkt*, Internationales Klimaschutzrecht, S. 267; *Kreuter-Kirchhof*, DVBl 2017, 97, 102; *Saurer*, NuR 2019, 145, 149; *Voland/Engel*, NVwZ 2019, 1785, 1786.

60 *Andersen*, Climate Law 2019, 122, 133; *Falk*, Voluntary International Law and the Paris Agreement; *Jahrmarkt*, Internationales Klimaschutzrecht, S. 267; *Kreuter-Kirchhof*, DVBl 2017, 97, 101; *Oberthür/Bodle*, Climate Law 2016, 40, 55; *Streck/von Unger/Krämer*, JEEPL 2019, 165, 185; *Voland*, LTO 2018.

ken, dass auch die anderen Staaten ihre jeweiligen NDCs umsetzen, was elementar für den Willen zur eigenen Zielerreichung ist.[61] Neben den Erwartungen der Öffentlichkeit sind die Staaten somit auch dem von ihren Vertragspartnern ausgehenden Gruppendruck ausgesetzt.[62]

Insofern stellen die Transparenzmechanismen ebenfalls eine Reaktion auf die begrenzte Durchsetzbarkeit als Grenze des Völkerrechts dar.

#### dd) Erfüllungskontrolle

Neben Art. 13 PA („implementation review") treten als weitere Mechanismen der Erfüllungskontrolle die weltweite Bestandsaufnahme nach Art. 14 PA („effectiveness review") und der globale Überprüfungsmechanismen nach Art. 15 PA („compliance review").[63]

Im Rahmen der weltweiten Bestandsaufnahme bewertet die COP ab 2023 alle fünf Jahre, inwiefern die bisher ergriffenen Maßnahmen dazu beigetragen haben, die Ziele des Pariser Abkommens zu erreichen (Art. 14 I, II PA). Dies soll den Parteien dabei helfen, ihre NDCs in einem den Zwecken des Abkommens entsprechenden Maße zu verschärfen, Art. 14 III PA.

Der Mechanismus zur Reaktion auf Erfüllungsdefizite nach Art. 15 PA wird eingeleitet, wenn eine Partei ihre Berichterstattungspflichten verletzt.[64] Er wird von einem unabhängigen Expertenausschuss durchgeführt, ist nicht streitig angelegt und soll keinen Strafcharakter haben, Art. 15 II 1 PA.

61 *van Asselt,* Climate Law 2016, 91, 92; *Böhringer,* ZaöRV 2016, 753, 784; *Falkner,* International Affairs 2016, 1107, 1121; *Franzius,* ZUR 2017, 515, 519; *Frenz,* RdE 2019, 159, 163; *Morgenstern/Dehnen,* ZUR 2016, 131, 136; *Streck/von Unger/Krämer,* JEEPL 2019, 165, 185.

62 *Andersen,* Climate Law 2019, 122, 133; *Falkner,* International Affairs 2016, 1107, 1121; *Streck/von Unger/Krämer,* JEEPL 2019, 165, 185.

63 *van Asselt,* Climate Law 2016, 91, 92 f.; *Franzius,* ZUR 2017, 515, 519; *Saurer,* NuR 2019, 145, 149.

64 *Böhringer,* ZaöRV 2016, 753, 789, 791; *Streck/von Unger/Krämer,* JEEPL 2019, 165, 180.

Diese kooperativ-informelle Ausgestaltung der Konfliktlösung entspricht dem bottom-up Ansatz, da mangels konkreter Reduktionspflichten ein strenges Erfüllungskontrollverfahren (wie es beispielsweise Art. 18 Kyoto-Protokoll vorsieht) wenig Mehrwert brächte.[65]

#### ee) Erfüllungshilfe

Das fünfte Kernelement stellt die in Art. 9–11 PA geregelte Erfüllungshilfe dar, die insbesondere einen Finanz- und Technologietransfer vorsieht.[66]

In Art. 9 III PA i.V.m. Entscheidung 1/CP.21 Ziffer 53 kodifizieren die Industriestaaten ihre bereits auf der COP15 verkündete Entscheidung,[67] den Entwicklungsländern bis 2025 jährliche Finanzierungshilfen in Höhe von 100 Milliarden US-Dollar zu gewähren. Danach soll ein höheres Ziel festgelegt werden.[68]

Hiermit reagiert das Pariser Abkommen auf die Wirklichkeit als Grenze jeden Rechts („ultra posse nemo tenetur").[69] Da das Recht nichts Unmögliches fordern kann, hängt die Wirksamkeit internationaler Verträge davon ab, ob alle Parteien über die notwendigen Strukturen, Fähigkeiten und Ressourcen verfügen, um ihren Pflichten nachzukommen.[70]

---

65 *Franzius,* ZUR 2017, 515, 519; *Jahrmarkt,* Internationales Klimaschutzrecht, S. 278; *Saurer,* NuR 2019, 145, 149; *Streck/von Unger/Krämer,* JEEPL 2019, 165, 186 f.

66 *Jahrmarkt,* Internationales Klimaschutzrecht, S. 271.

67 Entscheidung 2/CP.15 Ziff. 8, UN Doc. FCCC/CP/2009/11/Add. 1.

68 Entscheidung 1/CP.21 Ziff. 53, UN Doc. FCCC/CP/2015/10/Add. 1.

69 *Kreuter-Kirchhof,* DVBl 2017, 97, 103.

70 *Kreuter-Kirchhof,* DVBl 2017, 97, 103; *Markus,* ZaöRV 2016, 715, 731; *Morgan/Northrop,* WIREs Climate Change 2017, 1, 5; *Streck,* ZUR 2019, 13, 16; *Ziehm,* ZUR 2018, 339, 341.

### b) Rolle nichtstaatlicher Akteure

Auch nichtstaatliche Akteure wie Städte, Unternehmen, NGOs oder Umweltverbände tragen dazu bei, die Ziele des Pariser Abkommens zu erreichen.[71] Sie sind zwar keine Völkerrechtssubjekte,[72] jedoch hat sich in den vergangenen Jahren die Konzeption des Umweltvölkerrechts geändert. Dieses basiert nicht mehr allein auf einer Kooperation der Staaten, sondern bezieht auch gesellschaftliche Kräfte in die Bekämpfung des Klimawandels mit ein.[73]

Das Pariser Abkommen öffnet die Klimapolitik für private und öffentliche Akteure, indem es sie direkt dazu auffordert,[74] zur Vertragserfüllung beizutragen.[75]

#### aa) Transparenz durch nichtstaatliche Akteure

Im Rahmen der formellen Kontrollmechanismen der Art. 13–15 PA kommt nichtstaatlichen Akteuren nur eine sehr begrenzte Rolle zu.[76]

Die in den erweiterten Transparenzrahmen einfließenden Informationen werden zwar von Sachverständigen überprüft (Art. 13 XI PA),[77] Übermittler der Informationen sind jedoch nur die Vertragsparteien. Berichte oder Analysen seitens Dritter werden nicht entgegengenommen, was im Grunde auf dem vermittelnden und nicht-

---

71 *van Asselt,* Climate Law 2016, 91, 95; *Falkner,* International Affairs 2016, 1107, 1122 f.; *Franzius,* ZUR 2017, 515, 522; *Markus,* ZaöRV 2016, 715, 737; *Morgan/Northrop,* WIREs Climate Change 2017, 1, 2; *Saurer,* NuR 2019, 145, 151; *Streck/von Unger/Krämer,* JEEPL 2019, 165, 187; *Streck,* JEEPL 2020, 5, 12; *von Unger,* ZUR 2018, 650, 651.

72 Zum Kreis der Völkerrechtssubjekte: *Herdegen,* Völkerrecht, § 7 Rn. 3 ff.; *Schmidt/Kahl/Gärditz,* Umweltrecht, § 1 Rn. 37.

73 *Franzius,* ZUR 2017, 515, 521.

74 Vgl. Präambel und Entscheidung 1/CP.21 Ziff. 117 ff. und 133 ff., UN Doc. FCCC/CP/2015/10/Add. 1.

75 *Franzius,* ZUR 2017, 515, 521; *Morgan/Northrop,* WIREs Climate Change 2017, 1, 2; *Saurer,* NuR 2019, 145, 151; *Streck,* ZUR 2019, 13, 22; *Streck,* JEEPL 2020, 5, 9; *von Unger,* ZUR 2018, 650, 651.

76 *Andersen,* Climate Law 2019, 122, 134; *van Asselt,* Climate Law 2016, 91, 99; *Franzius,* ZUR 2017, 515, 520; *Saurer,* NuR 2019, 145, 151; *Streck/von Unger/Krämer,* JEEPL 2019, 165, 187.

77 *van Asselt,* Climate Law 2016, 91, 101; *von Unger,* ZUR 2018, 650, 653.

kontradiktorischen Charakter der Kontrollmechanismen beruht (vgl. Art. 13 III, 14 I, 15 II PA), der mit kritischen Beiträgen politisch unabhängiger Akteure nicht vereinbar wäre.[78]

Transparenz wird allerdings nicht nur durch die formalen Vorgaben des Pariser Abkommens erzeugt, sondern folgt auch aus anderweitig veröffentlichten Berichten. Hier kommen die nichtstaatlichen Akteure ins Spiel.[79]

Die von diesen bereitgestellten Auskünfte beschränken sich nicht auf die vom Pariser Abkommen vorgesehenen Informationen, sondern können auch darüber hinausgehende Angaben und Bewertungskriterien enthalten.

So spiegelt beispielsweise die globale Bestandsaufnahme nach Art. 14 PA nur den gemeinsamen Fortschritt der Parteien wider und zeigt nicht, inwiefern einzelne Länder zum 2 Grad Ziel beigetragen haben.[80] Auch der erweiterte Transparenzrahmen des Art. 13 PA enthält lediglich eine schlichte Darstellung der NDCs und keine Werturteile darüber, ob die Beiträge der einzelnen Staaten ambitioniert genug oder fair sind.

Berichte nichtstaatlicher Akteure füllen diese Informationslücken, ohne dabei denselben politischen Zwängen zu unterliegen wie die vom Klimasekretariat veröffentlichten Angaben.[81]

---

78 *van Asselt,* Climate Law 2016, 91, 101, 106; *Streck/von Unger/Krämer,* JEEPL 2019, 165, 188.

79 *van Asselt,* Climate Law 2016, 91, 104; *Falkner,* International Affairs 2016, 1107, 1122; *Franzius,* ZUR 2017, 515, 520; *Morgan/Northrop,* WIREs Climate Change 2017, 1, 3; *Schlacke,* ZUR 2016, 65, 66; *Streck,* JEEPL 2020, 5, 12.

80 *van Asselt,* Climate Law 2016, 91, 106; *Rajamani,* ICLQ 2016, 493, 504; *Schlacke,* ZUR 2018, 1, 2.

81 *van Asselt,* Climate Law 2016, 91, 106.

#### bb) Klimaschutzbeiträge nichtstaatlicher Akteure

Darüber hinaus ergreifen nichtstaatliche Akteure auch eigene Klimaschutzmaßnahmen.

Damit tragen sie unmittelbar zur Erreichung des 2 Grad Ziels bei und sichern zugleich die Wirksamkeit des Pariser Abkommens gegen den Ausfall einzelner Vertragsparteien ab.[82] So kündigten beispielsweise nach der Austrittserklärung Präsident Trumps im Jahr 2017 fast 4.000 amerikanische Organisationen (darunter sogar 10 Bundesstaaten) an, die Klimaziele der USA auch außerhalb des völkerrechtlichen Rahmens zu verfolgen.[83]

#### c) Zwischenfazit

Das Pariser Abkommen ersetzt zur Umsetzung seiner Ziele die von seinem Vorgängervertrag noch vorgesehenen konkreten Reduktionspflichten und Sanktionen durch prozedurale Vorgaben und Transparenz.

Die vertraglichen Mechanismen werden durch Berichte und Klimaschutzbemühungen nichtstaatlicher Akteure ergänzt.

### 3. Erfolgsaussichten

Um das 2 Grad Ziel zu erreichen, genügt es jedoch nicht, die Staaten zur Umsetzung ihrer NDCs zu motivieren. Diese müssen vielmehr von vornherein ambitioniert genug sein.

Schon im Vorfeld der Verhandlungen in Paris haben die Teilnehmer der COP21 sog. „intended nationally determined contributions" (INDCs) eingereicht.[84] Der Pflicht, diese bis 2020 durch aktualisierte NDCs zu ersetzen,[85] sind bislang nur 113 Vertragsparteien nach-

---

82 *Streck*, ZUR 2019, 13, 22; *Streck*, JEEPL 2020, 5, 17.

83 Vgl. https://www.wearestillin.com/signatories.

84 Entscheidung 1/CP.19 Ziff. 2, UN Doc. FCCC/CP/2013/10/Add.1; *Böhringer*, ZaöRV 2016, 753, 764; *Morgenstern/Dehnen*, ZUR 2016, 131, 132.

85 Vgl. Art. 4 II 1 PA i. V. m. Entscheidung 1/CP.21 Ziff. 23 f., UN Doc. FCCC/CP/2015/10/Add.1.

gekommen, die allerdings gemeinsam 93 % der globalen Emissionen verantworten.[86]

Selbst bei einer vollständigen Umsetzung der vorliegenden (I) NDCs würden die globalen Emissionen bis 2030 im Vergleich zu 2010 um 16 % steigen.[87] Das 2 Grad Ziel erfordert indes eine Senkung um 25 % unter besagtes Niveau, und das 1,5 Grad Ziel sogar eine Senkung um 45 %.[88]

Auf Grundlage der aktuellen (I)NDCs wird eine globale Erderwärmung von ca. 2,7–3°C prognostiziert, die das Ziel des Art. 2 I lit. a) PA bei Weitem überschreitet und sowohl katastrophale als auch irreversible Folgen für die Umwelt hätte.[89]

Da das 2 Grad Ziel eine drastische Verschärfung der NDCs voraussetzt, haben die Staaten im Rahmen der COP26 beschlossen, ihre nachgebesserten Klimaziele für 2030 bereits im Jahr 2022 einzureichen und nicht wie eigentlich vorgesehen erst im Jahr 2025.[90]

---

86 UNFCCC, NDC-Synthesebericht, S. 4.

87 UNFCCC, NDC-Synthesebericht, S. 5 f.

88 UNFCCC, NDC-Synthesebericht, S. 6.

89 *Böhringer,* ZaöRV 2016, 753, 795; *Falkner,* International Affairs 2016, 1107, 1115; *Kreuter-Kirchhof,* DVBl 2017, 97, 102; *Markus,* ZaöRV 2016, 715, 750; *Schlacke,* ZUR 2016, 65, 66; UNEP, Emissions Gap Report 2018, S. 21; UNEP, Global Climate Litigation Report 2020, S. 2; *Voland/Engel,* NVwZ 2019, 1785, 1786.

90 Draft Decision CMA.3 Ziff. 29, UN Doc. FCCC/PA/CMA/2021/L.16; VBW, Klimapolitik nach Glasgow 2021, S. 8.

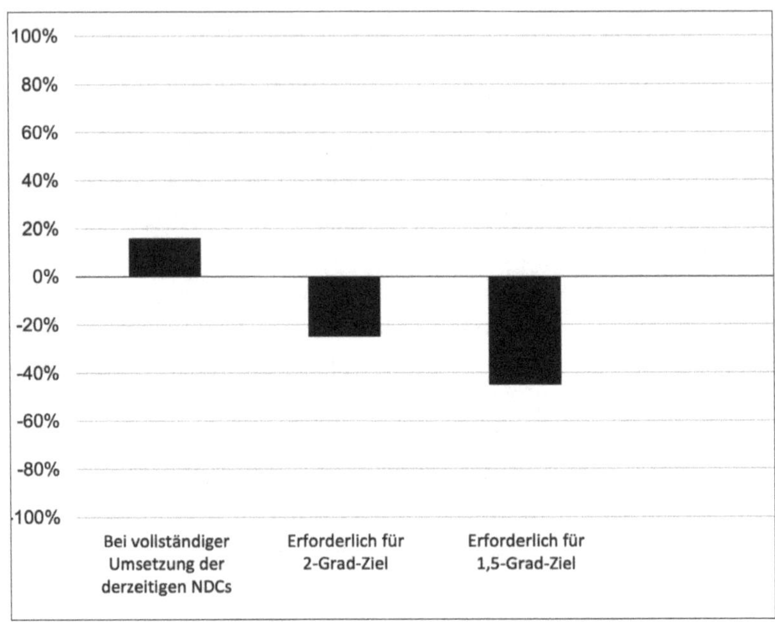


Abb. 4: Entwicklung der globalen Emissionen bis 2030 im Vergleich zu 2010

## II. Wirkungen

### 1. Rechtsverbindlichkeit der Vorgaben des Pariser Abkommens

Fraglich ist, inwiefern die Vertragsparteien völkerrechtlich dazu verpflichtet sind, bestimmte Maßnahmen zu ergreifen, um die Ziele des Pariser Abkommens zu erreichen.

Entsprechende Pflichten könnten sich sowohl aus dem Vertrag selbst als auch aus Völkergewohnheitsrecht ergeben.[91]

#### a) Verbindlichkeit der Vertragsbestimmungen

Ob und inwieweit die Vorgaben des Pariser Abkommens eine rechtlich bindende Wirkung entfalten, ist umstritten.

In der Literatur wird zum Teil vertreten, das Pariser Abkommen enthalte keinerlei Verpflichtungen und sei demnach Teil des völkerrechtlich unverbindlichen[92] „soft law".[93]

Für eine solche Auslegung könnte sprechen, dass der operative Teil des Abkommens präambelartige Formulierungen wie „Parties recognize" und „Parties acknowledge" enthält (vgl. Art. 7 II, IV, V, VI PA), was für völkerrechtliche Verträge ungewöhnlich ist.[94]

Die Bezeichnung des Abkommens als „Agreement"[95] und das Ratifikationserfordernis des Art. 21 I PA, durch das die Parteien ihren Rechtsbindungswillen zum Ausdruck bringen,[96] verdeutlichen jedoch,

---

91 Zu den Rechtsquellen des Völkerrechts: Art. 38 I IGH-Statut.

92 Zur Unverbindlichkeit von „soft law": Maunz/Dürig GG-*Herdegen*, Art. 25 Rn. 45; *Nückel*, ZUR 2017, 525, 525; *Schlacke*, Umweltrecht, § 8 Rn. 6; *Schmidt/Kahl/Gärditz*, Umweltrecht, § 1 Rn. 35.

93 *Falk*, Voluntary International Law and the Paris Agreement; *Slaughter*, The Paris Approach to Global Governance.

94 *Nückel*, ZUR 2017, 525, 530.

95 *Nückel*, ZUR 2017, 525, 526; *Schlacke*, ZUR 2016, 65, 65; *Voland/Engel*, NVwZ 2019, 1785, 1787; andere Ansicht, die Vertragsnatur im Ergebnis aber ebenfalls bejahend: *Ekardt*, NVwZ 2016, 355, 357.

96 *Böhringer*, ZaöRV 2016, 753, 779; *Jahrmarkt*, Internationales Klimaschutzrecht, S. 273; *Nückel*, ZUR 2017, 525, 525 f.; *Schlacke*, ZUR 2016, 65, 65; *Voland/Engel*, NVwZ 2019, 1785, 1787.

dass das Pariser Abkommen ein Vertrag im Sinne des Art. 2 I lit. a) WVK ist.[97]

Formal betrachtet fällt das Abkommen somit in den Bereich des „hard law“,[98] weshalb die Parteien gem. Art. 26 WVK an seine Regelungen gebunden sind.[99]

Die rechtliche Qualifizierung des Pariser Abkommens als „Vertrag“ sagt allerdings noch nichts über den Verbindlichkeitsgrad seiner Vorschriften im Einzelnen aus.[100] Diesen gilt es durch Auslegung nach Art. 31, 32 WVK zu ermitteln.

#### aa) Analysekriterien

Ob eine Vorschrift eine harte, weiche oder gar keine Verpflichtung begründet,[101] hängt einerseits von ihrer Normativität[102] ab, also von der Bindungskraft des verwendeten Verbs (so spricht beispielsweise „shall“ für einen stärkeren Verpflichtungsgrad als „should“),[103] und andererseits von ihrer inhaltlichen Präzision.[104]

97 *Bodansky,* Legally binding versus non-legally binding instruments, S. 156; *Bodansky,* RECIEL 2016, 142, 150; *Böhringer,* ZaöRV 2016, 753, 779; Deutscher Bundestag, Rechtsverbindlichkeit des PA, S. 5; *Nückel,* ZUR 2017, 525, 526; *Rajamani,* Journal of Environmental Law 2016, 337, 337; *Savaresi,* Research Paper, S. 4; *Schlacke,* ZUR 2016, 65, 65; *Voland/Engel,* NVwZ 2019, 1785, 1787.

98 *Nückel,* ZUR 2017, 525, 526.

99 *Herdegen,* Völkerrecht, § 15 Rn. 16.

100 *Bodansky,* Legally binding versus non-legally binding instruments, S. 158; *Böhringer,* ZaöRV 2016, 753, 779; Deutscher Bundestag, Rechtsverbindlichkeit des PA, S. 5; *Franzius,* ZUR 2017, 515, 523; *Nückel,* ZUR 2017, 525, 526; *Oberthür/Bodle,* Climate Law 2016, 40, 48; *Savaresi,* Research Paper, S. 4 f.; *Voland/Engel,* NVwZ 2019, 1785, 1787.

101 Zur Einteilung der Regelungen in diese drei Gruppen: *Rajamani,* Journal of Environmental Law 2016, 337, 352.

102 Vgl. *Oberthür/Bodle,* Climate Law 2016, 40, 49; die den Ausdruck „prescriptiveness“ verwenden.

103 *Böhringer,* ZaöRV 2016, 753, 780; *Nückel,* ZUR 2017, 525, 526; *Oberthür/Bodle,* Climate Law 2016, 40, 49; *Saurer,* NuR 2019, 145, 145; *Voland/Engel,* NVwZ 2019, 1785, 1787.

104 *Bodansky,* Legally binding versus non-legally binding instruments, S. 159 f.; Deutscher Bundestag, Rechtsverbindlichkeit des PA, S. 5; *Nückel,* ZUR 2017, 525, 526 f.; *Oberthür/Bodle,* Climate Law 2016, 40, 49; *Pickering/McGee/Karlsson-Vinkhuy-*

Letztere ist in solchen Vorschriften besonders stark ausgeprägt, die genaue Vorgaben dazu enthalten, wer (Adressatenkreis) was (Inhalt der Pflicht) bis wann (Fristen) tun muss. Vage Formulierungen, unklar definierte Ausnahmen oder Zusätze wie „gegebenenfalls" schwächen die Präzision hingegen ab.[105]

#### bb) Prozedurale Pflichten

Sowohl normativ als auch präzise und demzufolge völkerrechtlich verbindlich sind insbesondere die prozeduralen Pflichten zur Übermittlung von NDCs und damit zusammenhängenden Informationen (vgl. Art. 4 II 1, VIII, IX, XIII, 13 VII PA).[106]

#### cc) Art. 4 II 2 PA, Umsetzung der NDCs

Problematischer gestaltet sich die Auslegung von Vorschriften, bei denen die Anwendung der oben genannten Kriterien zu unterschiedlichen Ergebnissen gelangt. Dies ist bei Art. 4 II 2 PA der Fall, der die Parteien dazu anhält, ihre NDCs umzusetzen.

Dort heißt es: „Parties shall pursue domestic mitigation measures, with the aim of achieving the objectives of such contributions".

Die Normativität des Verbs „shall" steht der mangelnden inhaltlichen Präzision des restlichen Artikels gegenüber.[107]

So ist bereits unklar, an wen sich die Regelung konkret richtet. Eine Umsetzungspflicht müsste jeden Staat individuell treffen. Dass die Vorschrift „die Vertragsparteien" („Parties") und nicht wie der vorangegangene Satz „jede Vertragspartei" („each Party") anspricht, deutet hingegen eher auf eine kollektive Verpflichtung hin.[108]

---

*zen/Wenta,* Journal of Environmental Law 2019, 1, 5 f.; *Rajamani,* Journal of Environmental Law 2016, 337, 342; *Saurer,* NuR 2019, 145, 146.

105 *Nückel,* ZUR 2017, 525, 527; *Oberthür/Bodle,* Climate Law 2016, 40, 49.

106 *Franzius,* ZUR 2017, 515, 520; *Nückel,* ZUR 2017, 525, 528; *Oberthür/Bodle,* Climate Law 2016, 40, 49; *Saurer,* NVwZ 2017, 1574, 1575; *Voland/Engel,* NVwZ 2019, 1785, 1787.

107 *Nückel,* ZUR 2017, 525, 528.

108 *Bodansky,* RECIEL 2016, 142, 146; *Nückel,* ZUR 2017, 525, 528.

Da jedoch auch Art. 4 XIII PA den Begriff „Parties" verwendet, obwohl sich aus seinem Kontext ergibt, dass er individuelle Pflichten begründet, lässt der Wortlaut allein keine zwingenden Rückschlüsse auf den Adressatenkreis zu.[109] In Anbetracht des individuell ausgestalteten Art. 4 II 1 PA kann somit angenommen werden, dass sich auch der darauffolgende Satz an jede Vertragspartei richtet.[110]

Gegen eine Pflicht zur Umsetzung der NDCs spricht jedoch, dass die Parteien innerstaatliche Maßnahmen nur ergreifen („pursue"), nicht aber umsetzen sollen.[111]

Die Entstehungsgeschichte, die gem. Art. 32 WVK ergänzend herangezogen werden kann,[112] bestätigt diese Interpretation. Obwohl im Rahmen der Verhandlungen intensiv darüber diskutiert wurde, anstelle von „pursue" Verben wie „implement" oder „achieve" zu verwenden, konnten sich diese nicht durchsetzen.[113]

Art. 4 II 2 PA verpflichtet die Parteien somit nicht dazu, ihre NDCs zu verwirklichen, sondern verlangt nur dahingehende Anstrengungen („obligation of conduct").[114]

---

109 *Bodansky,* RECIEL 2016, 142, 146; *Nückel,* ZUR 2017, 525, 528; *Rajamani,* Journal of Environmental Law 2016, 337, 353.

110 *Nückel,* ZUR 2017, 525, 528; *Rajamani,* Journal of Environmental Law 2016, 337, 353.

111 *Bodansky,* RECIEL 2016, 142, 146; *Nückel,* ZUR 2017, 525, 528.

112 *Grabenwarter/Pabel,* EMRK, § 5 Rn. 5; *Herdegen,* Völkerrecht, § 15 Rn. 30.

113 *Bodansky,* RECIEL 2016, 142, 146; *Nückel,* ZUR 2017, 525, 528; *Rajamani,* Journal of Environmental Law 2016, 337, 354; *Rajamani/Brunnée,* Journal of Environmental Law 2017, 537, 542.

114 *Böhringer,* ZaöRV 2016, 753, 780; Deutscher Bundestag, Rechtsverbindlichkeit des PA, S. 8; *Franzius,* ZUR 2017, 515, 520; *Jahrmarkt,* Internationales Klimaschutzrecht, S. 266; *Morgenstern/Dehnen,* ZUR 2016, 131, 134; *Nückel,* ZUR 2017, 525, 528; *Pickering/McGee/Karlsson-Vinkhuyzen/Wenta,* Journal of Environmental Law 2019, 1, 14; *Rajamani,* Journal of Environmental Law 2016, 337, 354; *Rajamani/Brunnée,* Journal of Environmental Law 2017, 537, 542; andere Ansicht: *Frank,* ZUR 2016, 352, 355; *Saurer,* NVwZ 2017, 1574, 1575; *Voland/Engel,* NVwZ 2019, 1785, 1786.

Das soeben Gesagte gilt jedoch nur für die völkerrechtliche Rechtsverbindlichkeit. Welche Bindungswirkung die NDCs nach innen entfalten, richtet sich danach, ob und wie die Parteien sie in ihr innerstaatliches Recht umsetzen.[115]

So plant beispielsweise die EU, ein EU-Klimagesetz[116] zu erlassen. Die Mitgliedstaaten wären hiernach gem. Art. 288 II AEUV rechtlich an die EU-Klimaziele für 2030 und 2050 gebunden, auch wenn im Außenverhältnis gegenüber anderen Staaten keine entsprechende Umsetzungspflicht besteht.[117]

#### dd) Art. 4 III PA, inhaltliche Anforderungen an die NDCs

Die einzigen inhaltlichen Mindestanforderungen, die das Pariser Abkommen an die NDCs stellt, ergeben sich aus Art. 4 III PA.

Dieser normiert ein Progressions- sowie ein Ambitionsgebot, indem er besagt: „Each Party's successive nationally determined contribution will represent a progression beyond the Party's then current nationally determined contribution (Progressionsgebot) and reflect its highest possible ambition, reflecting its common but differentiated responsibilities and capabilities in the light of different national circumstances (Ambitionsgebot)".

Insbesondere das Progressionsgebot wird oft als rechtsverbindlich eingestuft.[118]

---

115 Deutscher Bundestag, Rechtsverbindlichkeit des PA, S. 7; *Frank*, ZUR 2016, 352, 355; *Voland/Engel*, NVwZ 2019, 1785, 1786.

116 Vorschlag für eine Verordnung des Europäischen Parlaments und des Rates zur Schaffung des Rahmens für die Verwirklichung der Klimaneutralität und zur Änderung der Verordnung (EU) 2018/1999 (Europäisches Klimagesetz), abrufbar unter: https://eur-lex.europa.eu/legal-content/DE/TXT/?uri=CELEX:52020PC0080.

117 Deutscher Bundestag, Rechtsverbindlichkeit des PA, S. 10; *Frank*, ZUR 2016, 352, 355.

118 BMU, Pressemitteilung Nr. 344/15; *Bodansky*, RECIEL 2016, 142, 146; *Boysen*, ZUR 2018, Fn. 78; *Kreuter-Kirchhof*, DVBl 2017, 97, 102; *Markus*, ZaöRV 2016, 715, 745; *Morgenstern/Dehnen*, ZUR 2016, 131, 134; *Saurer*, NuR 2019, 145, 149.

Die Vorschrift enthält jedoch den Begriff „will", der zwar stärker ist als „should", aber hinter „shall" zurückbleibt.[119] Dass die Verwendung des Verbs „shall" in Paris zwar diskutiert, letztlich aber abgelehnt wurde, zeigt, dass die Parteien Art. 4 III PA nicht das höchstmögliche Maß an Normativität beimessen wollten.[120] Vielmehr haben sie die Verbindlichkeit der Bestimmung im Wege einer bewussten Regelungslücke offen gelassen.[121]

Zusammenfassend lässt sich somit sagen, dass die auf die NDCs bezogenen Vorschriften nur prozedurale Pflichten begründen (vgl. Art. 4 II 1, VIII, IX, XIII, 13 VII PA).[122] Die Klauseln zur inhaltlichen Ausgestaltung und Umsetzung der NDCs entfalten hingegen keine rechtlich verbindliche Wirkung.[123]

#### ee) Art. 7 PA, Maßnahmen zur Anpassung

Im Rahmen der Vorschriften über Maßnahmen zur Anpassung an den Klimawandel sind hingegen nicht einmal die prozeduralen Vorgaben rechtlich bindend.

Die Aufforderung, Anpassungspläne vorzulegen, ist nämlich weder normativ noch präzise, vgl. Art. 7 X PA: „Each Party should, as appropriate," (fehlende Normativität) „submit and update periodically an adaption communication, which may include (…)" (fehlende Präzision).[124]

119 *Frank*, ZUR 2016, 352, 355; *Nückel*, ZUR 2017, 525, 529; *Rajamani*, Journal of Environmental Law 2016, 337, 355; *Rajamani*, ICLQ 2016, 493, 500; *Saurer*, NuR 2019, 145, 146.

120 *Frank*, ZUR 2016, 352, 355; *Nückel*, ZUR 2017, 525, 529; *Rajamani*, Journal of Environmental Law 2016, 337, 335 Fn. 77.

121 *Frank*, ZUR 2016, 352, 355; *Nückel*, ZUR 2017, 525, 529; *Oberthür/Bodle*, Climate Law 2016, 40, 50 sprechen von „constructive ambiguity".

122 *Franzius*, ZUR 2017, 515, 520; *Nückel*, ZUR 2017, 525, 528; *Oberthür/Bodle*, Climate Law 2016, 40, 49; *Saurer*, NVwZ 2017, 1574, 1575; *Voland/Engel*, NVwZ 2019, 1785, 1787.

123 *Franzius*, ZUR 2017, 515, 520; *Nückel*, ZUR 2017, 525, 528 f.; *Oberthür/Bodle*, Climate Law 2016, 40, 56; andere Ansicht: *Frank*, ZUR 2016, 352, 355.

124 *Nückel*, ZUR 2017, 525, 530; andere Ansicht: *Morgenstern/Dehnen*, ZUR 2016, 131, 135.

Erst recht nicht verpflichtend ist die Vornahme der Anpassungsmaßnahmen nach Art. 7 IX PA, da sich die Staaten zum einen nur mit den Maßnahmen „befassen" sollen, und zum anderen die Präzision der Norm durch den Zusatz „gegebenenfalls" aufgeweicht wird.[125]

#### ff) Art. 8 PA, Schadensausgleich

Aus Art. 8 PA, der den Umgang mit klimabedingten Verlusten und Schäden regelt, ergibt sich keine Pflicht, betroffenen Staaten bei der Schadensabwehr oder -behebung zu helfen.[126]

Dies wird teilweise bereits aus Art. 3 PA abgeleitet, der besagt, dass zur Verwirklichung des in Art. 2 PA genannten Ziels ehrgeizige Anstrengungen im Sinne der Art. 4, 7, 9, 10, 11 und 13 PA zu unternehmen sind.[127]

Eine solche Argumentation verkennt jedoch, dass es durchaus konsequent ist, Art. 8 PA in dieser Aufzählung nicht zu erwähnen, da er gar nicht zur Verwirklichung des 2 Grad Ziels beitragen kann, sondern vielmehr erst dann greift, wenn hierauf ausgerichtete Maßnahmen nicht effektiv genug waren.

Dass die Betroffenen keine Schadensersatzansprüche aus Art. 8 PA ableiten können, ergibt sich somit erst aus Ziffer 51 der Begleitentscheidung, die dies ausdrücklich feststellt.[128]

Indem Art. 8 PA beispielsweise Kooperation und Unterstützung bei Frühwarnsystemen oder Katastrophenschutz vorsieht, gleicht er eher einem unverbindlichen Arbeitsprogramm als einer rechtlichen Verpflichtung der Parteien.[129]

---

125 *Nückel*, ZUR 2017, 525, 530; *Rajamani*, Journal of Environmental Law 2016, 337, 352 f.; andere Ansicht: *Morgenstern/Dehnen*, ZUR 2016, 131, 135.

126 *Böhringer*, ZaöRV 2016, 753, 776; *Ekardt*, NVwZ 2016, 355, 357; *Frank*, ZUR 2016, 352, 356; *Jahrmarkt*, Internationales Klimaschutzrecht, S. 271; *Kreuter-Kirchhof*, DVBl 2017, 97, 103; *Nückel*, ZUR 2017, 525, 531; *Saurer*, NVwZ 2017, 1574, 1575.

127 *Nückel*, ZUR 2017, 525, 531.

128 Entscheidung 1/CP.21 Ziff. 51, UN Doc. FCCC/CP/2015/10/Add. 1.

129 *Frank*, ZUR 2016, 352, 356; *Nückel*, ZUR 2017, 525, 531.

Bedeutsam ist allerdings, dass die Staaten in Art. 8 PA erstmals klimabedingte Schäden als spezifisches Anliegen des internationalen Klimaschutzes anerkennen.[130]

#### gg) Zwischenfazit

Im Ergebnis begründet das Pariser Abkommen lediglich prozedurale Pflichten.[131] Viele der entscheidenden Vorschriften des Pariser Abkommens sind somit überwiegend nicht rechtsverbindlich.

Dass sie dennoch im Pariser Abkommen verankert sind, entfaltet jedoch eine wichtige politische und symbolische Wirkung:[132] Die Parteien zeigen, was sie für notwendig und vor allem für machbar halten, um den Klimawandel zu bekämpfen.

### b) Verbindlichkeit nach Völkergewohnheitsrecht

Fraglich ist, ob die Rechtsverbindlichkeit wenigstens einiger vertraglich nicht verpflichtender Vorschriften aus Völkergewohnheitsrecht hergeleitet werden kann.[133]

#### aa) Anwendbarkeit neben dem PA

Hierfür müsste Völkergewohnheitsrecht zunächst neben dem Pariser Abkommen anwendbar sein. Es dürfte also nicht als lex generalis von diesem verdrängt werden.[134]

---

130 *Jahrmarkt,* Internationales Klimaschutzrecht, S. 270; *Kreuter-Kirchhof,* DVBl 2017, 97, 103; *Schlacke,* ZUR 2016, 65, 66; *Stäsche,* EnWZ 2021, 151, 154.

131 *Böhringer,* ZaöRV 2016, 753, 754; *Franzius,* ZUR 2017, 515, 520; *Kreuter-Kirchhof,* DVBl 2017, 97, 100; *Markus,* ZaöRV 2016, 715, 745; *Nückel,* ZUR 2017, 525, 528; *Oberthür/Bodle,* Climate Law 2016, 40, 49; *Saurer,* NVwZ 2017, 1574, 1575; *Saurer,* NuR 2019, 145, 148; *Voland/Engel,* NVwZ 2019, 1785, 1787.

132 *Oberthür/Bodle,* Climate Law 2016, 40, 57; *Rajamani,* Journal of Environmental Law 2016, 337, 354 und *Rajamani/Brunnée,* Journal of Environmental Law 2017, 537, 541 sprechen von „good faith expectations".

133 *Frank,* ZUR 2016, 352, 356 f.

134 *Frank,* ZUR 2016, 352, 354; *Voigt,* Nordic Journal of International Law 2008, 1, 3.

Schon bei der Ratifikation der Klimarahmenkonvention, also dem „Muttervertrag" des Pariser Abkommens,[135] haben sechs Inselstaaten erklärt, dass die Klimarahmenkonvention anderweitig begründete Ansprüche nicht berühre.[136] Dem hat kein Staat widersprochen.[137]

Vor diesem Hintergrund ist anzunehmen, dass der Ausschluss einer anderen völkerrechtlichen Rechtsquelle eine derart weitreichende Regelung darstellen würde, dass er ausdrücklich im Abkommen hätte erwähnt werden müssen. Aus dem Schweigen des Vertrags zur Konkurrenzfrage kann daher geschlossen werden, dass völkergewohnheitsrechtliche Vorschriften neben dem Pariser Abkommen anwendbar sind.[138]

#### bb) Verbot erheblicher grenzüberschreitender Umweltbelastungen

Der im vorliegenden Kontext wichtigste Grundsatz des Völkergewohnheitsrechts ist das Verbot erheblicher grenzüberschreitender Umweltbelastungen,[139] dessen Ursprung im Trail-Smelter-Schiedsspruch von 1941[140] liegt.

Danach dürfen Staaten ihr Hoheitsgebiet nur in einer Weise nutzen, von der keine erheblichen Umweltbeeinträchtigungen auf fremdes Staatsgebiet ausgehen.[141]

---

135 *Ekardt/Wieding/Zorn,* Gutachten, S. 21; *Morgenstern/Dehnen,* ZUR 2016, 131, 133; *Streck,* ZUR 2019, 13, 17.

136 United Nations Treaty Collection, Chapter XXVII, 7., abrufbar unter: https://treaties.un.org/Pages/ViewDetailsIII.aspx?src=TREATY&mtdsg_no=XXVII-7&chapter=27&Temp=mtdsg3&clang=_en#EndDec.

137 *Frank,* ZUR 2016, 352, 354.

138 *Frank,* ZUR 2016, 352, 354; im Ergebnis auch *Morgenstern/Dehnen,* ZUR 2016, 131, 135.

139 Vgl. Prinzip 21 der Stockholmer Deklaration und Grundsatz 2 der Rio-Erklärung über Umwelt und Entwicklung der Vereinten Nationen von 1992.

140 Trail Smelter Arbitration, United States v. Canada, RIAA, 1938/1941, Band III, S. 1905–1982.

141 *Epiney,* JuS 2003, 1066, 1068; *Frank,* ZUR 2016, 352, 353; Maunz/Dürig GG-*Herdegen,* Art. 25 Rn. 79; *Schlacke,* Umweltrecht, § 8 Rn. 12; *Schmidt/Kahl/Gärditz,* Umweltrecht, § 1 Rn. 21 f.; *Voigt,* Nordic Journal of International Law 2008, 1, 7.

Neben der präventiven Pflicht, grenzüberschreitende Beeinträchtigungen zu vermeiden, besteht auch eine nachträgliche Haftung für dennoch eingetretene Schäden.[142]

Je höher die Wahrscheinlichkeit des Schadenseintritts ist und je gravierender der Schaden wäre, desto größer ist die gebotene Sorgfalt.[143] In Anbetracht der schwerwiegenden und für Inselstaaten sogar existenzbedrohenden Folgen, die mit dem Klimawandel einhergehen, haben die Staaten bei der Schadstoffemission also die höchstmögliche Sorgfalt zu beachten.[144]

Das Pariser Abkommen ist aber nur dann geeignet, das Maß der völkerrechtlich gebotenen Sorgfalt zu beeinflussen, wenn der Beitrag eines Staates zum anthropogenen Klimawandel überhaupt einen Verstoß gegen das Verbot erheblicher grenzüberschreitender Umweltbelastungen begründen kann.[145]

Diesbezügliche Zweifel könnten sich daraus ergeben, dass ein solcher Verstoß einen individualisierbaren Kausalzusammenhang zwischen der Verletzungshandlung und dem eingetretenen Schaden voraussetzt,[146] aber nur schwer nachweisbar ist, welcher Staat einen Klimaschaden in welchem Umfang verursacht hat.[147]

Da aber letztlich alle Staaten – wenn auch in unterschiedlichem Maße – zur Erderwärmung beitragen,[148] kann kein Staat einwenden,

142 Trail Smelter Arbitration, United States v. Canada, RIAA, 1938/1941, Band III, 1905, 1933, 1966; *Frank*, ZUR 2016, 352, 353; *Voigt*, Nordic Journal of International Law 2008, 1, 9.

143 Art. 2 lit. a) und Art. 3 Commentary (11) der von der ILC verabschiedeten Draft Articles on the Prevention of Transboundary Harm from Hazardous Activities; vgl. auch: *Epiney*, JuS 2003, 1066, 1068; *Frank*, ZUR 2016, 352, 353.

144 *Frank*, ZUR 2016, 352, 353.

145 *Frank*, ZUR 2016, 352, 353.

146 *Epiney*, JuS 2003, 1066, 1069; *Frank*, ZUR 2016, 352, 353; *Schlacke*, Umweltrecht, § 8 Rn. 12.

147 *Frank*, ZUR 2016, 352, 353; vgl. zur Kausalitätsproblematik i. R. d. Haftung für Klimaschäden im Allgemeinen: *Chatzinerantzis/Herz*, NJOZ 2010, 594, 596; *Frank*, NJOZ 2010, 2296, 2297.

148 Zu den Ursachen des anthropogenen Klimawandels: IPCC, Synthesis Report 2014, SPM 1.

seine Emissionen seien für den infrage stehenden Schaden nicht zumindest mitursächlich gewesen.[149]

Das Vorliegen des erforderlichen Kausalzusammenhangs ist somit unproblematisch.[150]

Fraglich ist allerdings, welches Ausmaß die Schadstoffemission eines Staates annehmen muss, um die Erheblichkeitsschwelle[151] des Verbots erheblicher grenzüberschreitender Umweltbelastungen zu überschreiten.

#### cc) Mindestanforderungen an NDCs

Teilweise wird vertreten, Art. 2 I lit. a) PA konkretisiere die völkergewohnheitsrechtlich gebotene Sorgfalt dahingehend, dass die Vertragsparteien verpflichtet seien, NDCs zu erlassen, die geeignet sind, das 2 Grad Ziel zu erreichen.[152]

Art. 2 I lit. a) PA begründet jedoch lediglich eine kollektive Pflicht aller Vertragsparteien[153] und keine individuelle Pflicht einzelner Staaten zur Einhaltung bestimmter Reduktionsziele.[154]

Das 2 Grad Ziel ist auch deshalb nicht geeignet, das Verbot erheblicher grenzüberschreitender Umweltbelastungen zu konkretisieren, weil es ein (zwar rechtsverbindliches)[155] Ziel, aber keine Handlungspflicht zur Erreichung desselben darstellt.

149 *Frank,* ZUR 2016, 352, 353 f.

150 *Frank,* ZUR 2016, 352, 354.

151 *Epiney,* JuS 2003, 1066, 1069; *Schlacke,* Umweltrecht, § 8 Rn. 12; *Voigt,* Nordic Journal of International Law 2008, 1, 9.

152 *Frank,* ZUR 2016, 352, 356; eine völkergewohnheitsrechtliche Pflicht zur Verschärfung der NDCs ebenfalls annehmend: Urgenda Foundation v. The State of The Netherlands, The Supreme Court of the Netherlands, Case No. 19/00135, 20.12.2019, Rn. 5.7.5.

153 *Bodansky,* RECIEL 2016, 142, 145; *Ekardt,* NVwZ 2016, 355, 357; *Ekardt/Wieding/Zorn,* Gutachten, S. 22; *Jahrmarkt,* Internationales Klimaschutzrecht, S. 352; *Mayer,* Journal of Environmental Law 2021, 1, 11; *Rajamani,* ICLQ 2016, 493, 503.

154 Friends of the Earth v. Heathrow, UKSC 52, 16.12.2020, Rn. 71; *Jahrmarkt,* Internationales Klimaschutzrecht, S. 352; *Mayer,* Journal of Environmental Law 2021, 1, 12.

155 *Frank,* ZUR 2016, 352, 356; *Jahrmarkt,* Internationales Klimaschutzrecht, S. 264; *Schlacke,* ZUR 2016, 65, 65.

Erwogen werden könnte allenfalls, in Fällen erheblich und evident hinter den Möglichkeiten eines Staates zurückbleibender NDCs eine Pflicht zur Nachschärfung auf den genannten Grundsatz des Völkergewohnheitsrechts zu stützen.[156]

Völkergewohnheitsrecht kann den Mindestinhalt der NDCs somit nicht determinieren.

#### dd) Umsetzungspflicht von NDCs

Davon zu unterscheiden ist die Frage, ob das Verbot erheblicher grenzüberschreitender Umweltbelastungen eine Pflicht begründet, eingereichte NDCs umzusetzen.

So argumentiert *Frank*, dass die NDCs zeigten, was ein Staat glaube, selbst zur Bekämpfung des Klimawandels beitragen zu können.[157] Wenn der Staat hinter diesem Niveau zurückbleibe, strenge er sich nicht hinreichend an und habe demnach die zum Schutz anderer Staaten gebotene Sorgfalt außer Acht gelassen. Dies sei als „wrongful act" zu qualifizieren, der gem. Art. 30 lit. a) der „Draft Articles on State Responsibility"[158] (DASR) – die ihrerseits Ausdruck bereits geltenden Völkergewohnheitsrechts sind[159] – einzustellen sei, was auf das Gebot hinauslaufe, die NDCs zu verwirklichen.[160]

Die Vertragsparteien derart an ihren Erklärungen festzuhalten, würde allerdings nicht nur der bewussten Entscheidung des Pariser Abkommens widersprechen, die Umsetzung der NDCs gerade nicht völkerrechtlich verbindlich vorzuschreiben, sondern auch den Anreiz erhöhen, möglichst niedrige NDCs einzureichen. Ein Staat, der zu ambitionierte Klimaziele anvisiert und diese daher knapp verfehlt, hat

156 *Mayer*, Journal of Environmental Law 2021, 1, 17.

157 *Frank*, ZUR 2016, 352, 355.

158 Angenommen von der International Law Commission auf ihrer 53. Sitzung (2001), abrufbar unter: https://legal.un.org/ilc/texts/instruments/english/commentaries/9_6_2001.pdf.

159 Zur Völkergewohnheitsrechtsqualität der Draft Articles on State Responsibility: *Xinmin*, Chinese Journal of International Law 2008, 563, 563.

160 *Frank*, ZUR 2016, 352, 355.

seine anderen Ländern gegenüber bestehende Sorgfaltspflicht jedoch in einem sehr viel höheren Maße beachtet als ein Staat, der von vornherein sehr schwache NDCs festlegt, diese aber umsetzt.

Demnach führt nicht jede Verfehlung der in NDCs festgesetzten Ziele zwingend zu einem Verstoß gegen das Verbot erheblicher grenzüberschreitender Umweltbelastungen und – umgekehrt ausgedrückt – dieses Verbot nicht zu einer Pflicht zur Umsetzung der NDCs.

#### ee) Schadensersatzansprüche

Die Verletzung des Verbots erheblicher grenzüberschreitender Umweltbelastungen begründet einen völkergewohnheitsrechtlichen Schadensersatzanspruch (vgl. Art. 31 DASR).

Die Haftung aufgrund eines solchen Anspruchs wird zwar durch Ziffer 51 der Begleitentscheidung nicht berührt, da diese nur vertragliche Schadensersatzansprüche ausschließt.[161]

Da das Pariser Abkommen die völkergewohnheitsrechtlichen Pflichten der Vertragsparteien nicht konkretisiert,[162] kann die Nichteinhaltung seiner Bestimmungen allerdings nicht zur Entstehung eines Anspruchs nach Art. 31 DASR führen.[163]

Insbesondere lässt sich aus dem Vertrag keine gesamtschuldnerische Haftung für Schäden ableiten, die auf einer Verfehlung des 2 Grad Ziels beruhen.[164] Denn obwohl die Parteien in Art. 2 I lit. a) PA erklären, gemeinsam gegen den Klimawandel vorgehen zu wollen, verdeutlicht Ziffer 51 der Begleitentscheidung, dass sie ihre gemeinschaftliche Verpflichtung gerade nicht auf den Bereich „loss and damage" übertragen möchten.

---

161 *Frank*, ZUR 2016, 352, 356; *Morgenstern/Dehnen*, ZUR 2016, 131, 135.

162 Siehe oben: B. II. 1. b) cc).

163 Im Ergebnis zustimmend: *Rajamani/Brunnée*, Journal of Environmental Law 2017, 537, 542; andere Ansicht: *Frank*, ZUR 2016, 352, 356 f.

164 Andere Ansicht: *Frank*, ZUR 2016, 352, 357.

#### ff) Zwischenfazit

Festzuhalten ist, dass Völkergewohnheitsrecht den Verpflichtungsgrad der Bestimmungen des Pariser Abkommens nicht verschärft.

### c) Relevanz der Rechtsverbindlichkeit

Fraglich ist, inwiefern die Rechtsverbindlichkeit einer Vorschrift überhaupt relevant für ihre Wirksamkeit ist.[165]

Völkerrechtliche Verträge sind nicht zwangsweise durchsetzbar.[166] Die Umsetzung einer verbindlichen Vorschrift hängt somit gleichermaßen vom Willen der verpflichteten Partei ab wie die einer unverbindlichen Regelung, was die Annahme nahelegen könnte, beide seien gleich effektiv.[167]

Gegen eine solche Annahme spricht, dass die Parteien verbindliche Vorschriften in der Praxis eher befolgen. Denn je verbindlicher eine Bestimmung ist, desto größer ist der Verlust an Reputation und Verlässlichkeit im Falle ihrer Missachtung.[168]

Insbesondere in globalen Bereichen wie dem Umweltvölkerrecht hängt die Wirksamkeit einer Regelung jedoch auch entscheidend davon ab, wie viele Staaten sich ihr unterwerfen. Verbindliche Vorschriften werden meist von weniger Staaten akzeptiert, da sie nicht nur mit dem soeben beschriebenen Risiko eines Reputationsverlusts verbunden sind, sondern auch mit anderen Nachteilen wie längeren

165 *Bodansky,* RECIEL 2016, 142, 148 ff.; *French/Rajamani,* Journal of Environmental Law 2013, 437, 443; *Pickering/McGee/Karlsson-Vinkhuyzen/Wenta,* Journal of Environmental Law 2019, 1, 6 ff.

166 *Ekardt/Wieding/Zorn,* Gutachten, S. 27; *Falk,* Voluntary International Law and the Paris Agreement; *Schmidt/Kahl/Gärditz,* Umweltrecht, § 1 Rn. 12.

167 *Pauwelyn/Andonova,* A "Legally Binding Treaty" or Not?; *Pickering/McGee/Karlsson-Vinkhuyzen/Wenta,* Journal of Environmental Law 2019, 1, 6; andere Ansicht: *Andersen,* Climate Law 2019, 122, 136; *Bodansky,* RECIEL 2016, 142, 149; *French/Rajamani,* Journal of Environmental Law 2013, 437, 443 ff.; *Nückel,* ZUR 2017, 525, 526; *Rajamani,* Journal of Environmental Law 2016, 337, 342.

168 *Bodansky,* RECIEL 2016, 142, 149.

Verhandlungen oder größeren Beschränkungen der staatlichen Souveränität.[169]

Das Pariser Abkommen wäre somit nicht zwangsweise effektiver, wenn es mehr völkerrechtliche Pflichten enthielte.[170]

## 2. Durchsetzbarkeit des Pariser Abkommens

Die vom Pariser Abkommen eingeführten Transparenzmechanismen erfüllen einen ähnlichen Zweck wie rechtlich verbindliche Vorgaben.[171] Wie bereits dargelegt, ermöglichen sie ein „naming and shaming" und schaffen unter den Parteien das Vertrauen auf gegenseitige Vertragserfüllung (Gegenseitigkeitserwartung).[172]

Letztlich erhöhen sie jedoch nur den Anreiz für Staaten, von sich aus tätig zu werden, erzeugen aber keinen rechtlichen Zwang. Ein solcher kann sich indes aus nationalem Recht oder Unionsrecht ergeben, die wiederum vom Pariser Abkommen beeinflusst werden.

### a) Rolle des Art. 2 I PA bei Klimaklagen

Im Jahr 2020 waren 1.550 Klimaklagen in 38 Ländern anhängig (1.200 davon in den USA). Damit hatte sich diese Zahl im Vergleich zu 2017 fast verdoppelt, was zeigt, dass immer mehr Menschen vor nationalen Gerichten oder dem EuGH ihre vom Klimawandel bedrohten Rechte einklagen.[173]

Als Beklagte kommen sowohl Staaten als auch private Akteure in Betracht.[174]

169 *Bodansky,* RECIEL 2016, 142, 149; *Pickering/McGee/Karlsson-Vinkhuyzen/Wenta,* Journal of Environmental Law 2019, 1, 9.

170 *Pauwelyn/Andonova,* A "Legally Binding Treaty" or Not?.

171 *Bodansky,* RECIEL 2016, 142, 149; *Franzius,* ZUR 2017, 515, 522.

172 Siehe oben, B. I. 2. c).

173 UNEP, Klimawandel vor Gericht 2017, S. 11; UNEP, Global Climate Litigation Report 2020, S. 2, 4; *Voland,* LTO 2018.

174 *Ekardt/Wieding/Zorn,* Gutachten, S. 28; *Pötter,* taz 2018; UNEP, Global Climate Litigation Report 2020, S. 10.

Zwar begründen selbst die verbindlichen Normen des Pariser Abkommens keine individuellen Rechte Privater.[175] Ansprüche auf den Schutz der Umwelt können sich aber unmittelbar aus nationalem Recht oder aus national oder international statuierten Menschenrechten wie dem Recht auf Leben, Gesundheit oder Ernährung ergeben.[176]

Das Pariser Abkommen kann zur Auslegung und Konkretisierung dieser Rechte herangezogen werden und erhöht damit die Erfolgschancen der Klage.[177]

Art. 2 I PA manifestiert nämlich, dass auch die Vertragsparteien von einem dringlichen und drastischen Handlungsbedarf ausgehen, der ein kollektives Zusammenwirken aller voraussetzt.[178] Die Mitgliedstaaten können den Klägern somit nicht mehr entgegenhalten, dass sich der Beitrag einzelner Länder nur unwesentlich auf das globale Klima auswirke und daher rechtlich unbeachtlich sei.[179]

Da das Pariser Abkommen normhierarchisch unter den (überwiegend als unabdingbares ius cogens anerkannten)[180] Menschenrechten steht, kann es deren Inhalt nicht verändern. Trotzdem erleichtern seine Vorgaben und Werturteile es den Gerichten, einen menschenrechtlich begründeten Anspruch auf schärfere Klimaschutzmaßnahmen zu bejahen oder strengere Klimaschutzverpflichtungen in einfachgesetzliches nationales Recht hineinzulesen.[181]

Viele der Klagen zielen auf eine Verschärfung nationaler Klimaziele ab.[182] So hat beispielsweise der Hohe Rat der Niederlande entschie-

175 *Ekardt/Wieding/Zorn*, Gutachten, S. 27; *Pötter*, taz 2018; UNEP, Klimawandel vor Gericht 2017, S. 8.

176 *Ekardt*, NVwZ 2016, 355, 357; *Ekardt/Wieding/Zorn*, Gutachten, S. 27; *Saurer*, NVwZ 2017, 1574, 1578; *Savaresi*, Research Paper, S. 10; UNEP, Klimawandel vor Gericht 2017, S. 31; *Voßkuhle*, NVwZ 2013, 1, 2 f.

177 *Ekardt/Wieding/Zorn*, Gutachten, S. 28; *Pötter*, taz 2018; *Saurer*, NVwZ 2017, 1574, 1576.

178 *Ekardt/Wieding/Zorn*, Gutachten, S. 28.

179 UNEP, Klimawandel vor Gericht 2017, S. 17.

180 *Herdegen*, Völkerrecht, § 16 Rn. 14; Maunz/Dürig GG-*Herdegen*, Art. 1 Abs. 2 Rn. 30.

181 *Ekardt/Wieding/Zorn*, Gutachten, S. 28.

182 *Pötter*, taz 2018; *Purnhagen/Saurer*, Climate Change Litigation, S. 6 f.; *Saurer*,

den, dass eine Emissionsreduktion von 17 % gegenüber 1990 den Zielen des Pariser Abkommens nicht gerecht werde und der Staat seine Treibhausgasemissionen um 25 % begrenzen müsse.[183]

Somit erreichen private Kläger bisweilen, was die Vertragsparteien auf horizontaler Ebene nicht können, nämlich einen Staat dazu zu verpflichten, ambitioniertere nationale Beiträge zum Klimaschutz zu leisten.

#### b) Rolle der Mitgliedschaft der EU

Auch die Mitgliedschaft der EU im Pariser Abkommen erhöht partiell die Rechtsverbindlichkeit und vor allem die Durchsetzbarkeit des Abkommens.[184]

Völkerrechtliche Verträge, die die EU ratifiziert hat, sind integraler Bestandteil der Unionsrechtsordnung (vgl. Art. 216 II AEUV).[185] Sie genießen somit Anwendungsvorrang gegenüber nationalem Recht.[186] In Deutschland wird die Stellung des Pariser Abkommens hierdurch erheblich aufgewertet, da völkerrechtliche Verträge gem. Art. 59 II GG grundsätzlich nur den Rang einfacher Gesetze haben und das Pariser Abkommen nationalem Recht daher andernfalls gleichgestellt wäre.

Darüber hinaus ist das Pariser Abkommen als Teil des Unionsrechts im Wege eines Vertragsverletzungsverfahrens (Art. 258 AEUV), einer Nichtigkeitsklage (Art. 263 AEUV) oder eines Vorabentscheidungsverfahrens (Art. 267 AEUV) durchsetzbar.[187] Verstöße der EU-

---

NVwZ 2017, 1574, 1576; *Stäsche,* EnWZ 2021, 151, 157 f.; UNEP, Klimawandel vor Gericht 2017, S. 15; UNEP, Global Climate Litigation Report 2020, S. 13.

183 Urgenda Foundation v. The State of The Netherlands, The Supreme Court of the Netherlands, Case No. 19/00135, 20.12.2019.

184 Deutscher Bundestag, Rechtsverbindlichkeit des PA, S. 9; *Franzius,* ZUR 2017, 515, 524; *Saurer,* NVwZ 2017, 1574, 1577.

185 EuGH – Haegeman, Rs. 181/73 – Slg 1974, 49; Deutscher Bundestag, Rechtsverbindlichkeit des PA, S. 9; Grabitz/Hilf/Nettesheim-*Vöncky/Beyluge-Haarmann,* Art. 216 AEUV Rn. 50; von der Groeben/Schwarze/Hatje-*Lachmayer/von Förster,* Art. 216 AEUV Rn. 16.

186 Deutscher Bundestag, Rechtsverbindlichkeit des PA, S. 10; von der Groeben/Schwarze/Hatje-*Lachmayer/von Förster,* Art. 216 AEUV Rn. 23.

187 EuGH C-61/94, Slg. 1996, I-3989 Rn. 15; Deutscher Bundestag, Rechtsverbind-

Mitgliedstaaten gegen das Pariser Abkommen können somit rechtlich geahndet werden, obwohl auf völkerrechtlicher Ebene keine entsprechende Möglichkeit besteht.[188]

## III. Reformperspektiven

Die schwache Rechtsverbindlichkeit und das Fehlen vertraglicher Sanktionsmechanismen werden von Teilen der Literatur heftig kritisiert.[189] Ebenfalls bemängelt wird, dass viele Vorschriften zu vage seien,[190] und dass die Länder unter anderem aufgrund ihrer unterschiedlichen Interpretationen des CDR-Prinzips keine hinreichend ambitionierten NDCs erließen.[191]

Dass das Pariser Abkommen zumindest weiter ausgebaut werden muss, wird nicht bestritten. Schon im Vertragstext und der Begleitentscheidung sind mehrere Handlungsaufträge für die nähere Konkretisierung der Vorgaben angelegt.[192]

Über den Reformbedarf an sich besteht somit Einigkeit. Fraglich ist aber, wie die Reform konkret aussehen sollte, und hinsichtlich welcher Änderungen ein Konsens zwischen den Vertragsparteien überhaupt möglich wäre.

---

lichkeit des PA, S. 10; Grabitz/Hilf/Nettesheim-*Vöneky/Beylage-Haarmann*, Art. 216 AEUV Rn. 50; von der Groeben/Schwarze/Hatje-*Lachmayer/von Förster*, Art. 216 AEUV Rn. 23; *Saurer*, NVwZ 2017, 1574, 1577.

188 Deutscher Bundestag, Rechtsverbindlichkeit des PA, S. 10.

189 *Böhringer*, ZaöRV 2016, 753, 761, 794; *Ekardt*, NVwZ 2016, 355, 356; *Ekardt/Wieding/Zorn*, Gutachten, S. 7; *Spash*, Globalizations 2016, 928, 929 f.

190 *Andersen*, Climate Law 2019, 122, 133; *Böhringer*, ZaöRV 2016, 753, 793; *Ekardt*, NVwZ 2016, 355, 356; *Ekardt/Wieding/Zorn*, Gutachten, S. 7; *Falkner*, International Affairs 2016, 1107, 1121; *Franzius*, ZUR 2017, 515, 518; *Schlacke*, ZUR 2016, 65, 66; *Voland*, LTO 2018; *Voland/Engel*, NVwZ 2019, 1785, 1785.

191 *Jahrmarkt*, Internationales Klimaschutzrecht, S. 357 f.

192 Art. 4 XIII, 6 II, IV, VI, 7 III, 9 VII PA; Entscheidung 1/CP.21 Ziff. 26, 28 ff., UN Doc. FCCC/CP/2015/10/ Add. 1.

## 1. Reformprozess seit 2015

Der bisherige Verlauf des Reformprozesses lässt Rückschlüsse auf die unmittelbar bevorstehende Weiterentwicklung des Vertrags zu.

Bisher beschränkt sich der Reformprozess darauf, sog. „Guidelines" auszuarbeiten, die Bestimmungen zur einheitlichen Anwendung des Pariser Abkommens enthalten und gewissermaßen als dessen Durchführungsverordnung fungieren.[193] Den zu Beginn der Verhandlungen noch verwendeten Begriff eines „Regelbuchs" lehnen die Parteien inzwischen ab, da er ihrer Vorstellung eines konsensbasierten Abkommens zuwiderläuft.[194]

Das formale Beschlussorgan für Entscheidungen über die Guidelines ist die mit der Klimarahmenkonvention eingesetzte COP, die gem. Art. 16 I PA auch als Tagung der Vertragsparteien des Pariser Abkommens dient (sog. „Conference of Parties serving as the Meeting of the Parties to the Paris Agreement", kurz: CMA).[195]

Die Beschlüsse der CMA stellen völkerrechtliche Rechtsakte dar.[196] Da sie aus geltendem Völkerrecht (namentlich dem Pariser Abkommen und der Begleitentscheidung) abgeleitet, das heißt in diesen vorgesehen sind, bedürfen sie keiner gesonderten nationalen Ratifikation.[197]

Im Jahr 2018 beschloss die erste CMA im Rahmen der COP24 das „Regelwerk von Kattowitz".[198] Seine Vorgaben konkretisieren und vereinheitlichen die Inhalte, Kommunikation und Berichtsformate der gem. Art. 4, 7, 9 13 und 14 PA zu übermittelnden Informationen.[199]

193 *Espinosa,* Anhang, S. 71; *Streck/von Unger/Krämer,* JEEPL 2019, 165, 167; *Voland/Engel,* NVwZ 2019, 1785, 1785.

194 *Espinosa,* Anhang, S. 71.

195 *Böhringer,* ZaöRV 2016, 753, 792; *Saurer,* NuR 2019, 145, 150.

196 *Voland,* LTO 2018; *Voland/Engel,* NVwZ 2019, 1785, 1789.

197 *Saurer,* NuR 2019, 145, 150; *Voland,* LTO 2018; *Voland/Engel,* NVwZ 2019, 1785, 1789.

198 Entscheidung 1/CMA.1, UN Doc. FCCC/PA/CMA/2016/3/Add.1.

199 *Saurer,* NuR 2019, 145, 151; *Streck/von Unger/Krämer,* JEEPL 2019, 165, 170 ff.; *Voland/Engel,* NVwZ 2019, 1785, 1787 ff.

Die letzten grundlegenden Fragen wurden allerdings erst im Rahmen der COP26 geklärt, die im November 2021 in Glasgow stattfand.[200]

So ist es den Vertragsstaaten beispielsweise erst in Glasgow, also nachdem die Staaten im Jahr 2020 ihre INDCs durch NDCs ersetzen mussten, gelungen, ein einheitliches bezugsmäßiges Basisjahr für die NDCs festzulegen.[201]

Dass eine solche Einigung nicht schon vorher erzielt werden konnte, ist bedauerlich, da diese Regelung für die Vergleichbarkeit der NDCs von überragender Bedeutung ist[202].

## 2. Möglicher Inhalt weiterer Reformen

### a) Weiterentwicklung der Guidelines

Die am wenigsten weitgehende Reformmöglichkeit bestünde darin, die Guidelines weiterzuentwickeln und um die noch offenen Punkte zu ergänzen, im Übrigen aber an den jetzigen Bestimmungen des Pariser Abkommens festzuhalten.

Eine solche Verfeinerung der Guidelines soll Gegenstand der COP27 sein, die im November 2022 in Shram El Sheikh, Ägypten, stattfinden wird.[203]

#### aa) Inhalt künftiger Guidelines

Wünschenswert wäre insbesondere die Festsetzung eines neuen Klimafinanzierungsplans nach 2025.[204]

200 Zur COP26 und ihren Ergebnissen: https://ukcop26.org/the-conference/cop26-outcomes/page/3/.

201 Draft Decision CMA.3 Ziff. 78 lit. a), UN Doc. FCCC/PA/CMA/2021/L.16.

202 *Bodansky/Diringer*, Building Flexibility and Ambition into a 2015 Climate Agreement, S. 11; *Franzius*, ZUR 2017, 515, 518; VBW, Klimapolitik nach Glasgow 2021, S. 7.

203 VBW, Klimapolitik nach Glasgow 2021, S. 19.

204 Dieser muss spätestens auf der CMA7 beschlossen werden, vgl. Entscheidung 1/CP.21 Ziff. 53, UN Doc. FCCC/CP/2015/10/Add. 1.

Im Gegensatz zum Kyoto-Protokoll[205] richtet sich das Pariser Abkommen nicht nur an die Industriestaaten, sondern fordert auch andere Parteien dazu auf, sich freiwillig an der Finanzierungshilfe zu beteiligen (vgl. Art. 9 II PA).[206] Mit dem Wortlaut der Begleitentscheidung wäre es allerdings auch vereinbar, die Schwellenländer ab 2025 verbindlich in den Geberkreis einzubeziehen.[207]

Da die Industriestaaten schon seit längerem mehr Mitwirkung der Schwellenländer bei der Erfüllungshilfe fordern[208] und ein funktionierendes Finanzierungssystem der wichtigste Aspekt für die erfolgreiche Umsetzung des Pariser Abkommens ist, erscheint eine solche Regelung sinnvoll.

In der Vergangenheit mit am problematischsten gestalteten sich Einigungsversuche über die in Art. 6 PA vorgesehenen Kooperationsmöglichkeiten der Vertragsparteien.[209]

Danach können die Staaten bei der Umsetzung ihrer NDCs zusammenarbeiten, um ambitioniertere Ziele zu erreichen.[210] Art. 6 II, IV und VIII PA normieren hierfür drei verschiedene Ansätze und beauftragen die CMA damit, Marktregeln für die Anrechnung von Klimaschutzmaßnahmen in anderen Ländern aufzustellen, um Doppelzählungen zu vermeiden.[211]

Zwar konnten die Vertragsstaaten diesbezüglich in Glasgow eine Einigung im Grundsatz erzielen. Die technischen Einzelheiten für die

---

205 Vgl. Art. 11 II Kyoto-Protokoll.

206 *Jahrmarkt*, Internationales Klimaschutzrecht, S. 271; *Rajamani*, ICLQ 2016, 493, 512; *Savaresi*, Research Paper, S. 8.

207 *Falkner*, International Affairs 2016, 1107, 1117; *Morgenstern/Dehnen*, ZUR 2016, 131, 136.

208 *Jahrmarkt*, Internationales Klimaschutzrecht, S. 271.

209 *Espinosa*, Anhang, S. 72; *Saurer*, NuR 2019, 145, 151; *Streck/von Unger/Krämer*, JEEPL 2019, 165, 181; *Voland/Engel*, NVwZ 2019, 1785, 1788.

210 *Böhringer*, ZaöRV 2016, 753, 769; *Markus*, ZaöRV 2016, 715, 743; *Streck/von Unger/Krämer*, JEEPL 2019, 165, 180; *Voland/Engel*, NVwZ 2019, 1785, 1788.

211 *Jahrmarkt*, Internationales Klimaschutzrecht, S. 268 f.; *Stäsche*, EnWZ 2021, 151, 153; *Streck/von Unger/Krämer*, JEEPL 2019, 165, 180; *Voland*, LTO 2018.

Anwendung des internationalen Marktmechanismus müssen allerdings noch ausgearbeitet werden.[212]

Darüber hinaus besteht die Gefahr von Doppelzählungen nicht nur auf staatlicher Ebene, sondern auch im Hinblick auf die Klimaschutzbeiträge nichtstaatlicher Akteure.

Da der Transparenzmechanismus des Pariser Abkommens letztere nicht separat erfasst, können Staaten sich die Erfolge nichtstaatlicher Akteure als eigene anrechnen. Je mehr private Initiativen in einem Land ergriffen werden, desto weniger staatliche Maßnahmen sind daher erforderlich, um das Reduktionsziel zu erreichen, und desto geringer ist demzufolge der Anreiz des Staates, selbst klimaschützend tätig zu werden.[213]

Um diesem Risiko entgegenzuwirken, sollten die Guidelines die Parteien dazu auffordern, Maßnahmen in ihre NDCs aufzunehmen, mittels derer die Ambitionen nichtstaatlicher Akteure separat erfasst und Doppelzählungen verhindert werden.[214]

#### bb) Mehrwert dieser Reform

Die Guidelines verleihen den Bestimmungen des Pariser Abkommens mehr inhaltliche Präzision. Daraus folgt zum einen mehr Rechtssicherheit und zum anderen ein höherer Grad an Rechtsverbindlichkeit, der wie oben dargestellt mit dem Präzisionsgrad der Bestimmungen einhergeht.[215]

Darüber hinaus führen die Guidelines dazu, dass die Berichte der Parteien vereinheitlicht und somit vergleichbarer gemacht werden, was wiederum die Transparenz erhöht.[216] Nach der Vorstellung der Vertragsparteien gewährleistet eben diese Transparenz die effektive Umsetzung des Pariser Abkommens.[217]

212 VBW, Klimapolitik nach Glasgow 2021, S. 19.
213 *Streck/von Unger/Krämer,* JEEPL 2019, 165, 188.
214 *Streck/von Unger/Krämer,* JEEPL 2019, 165, 189.
215 *Voland,* LTO 2018; *Voland/Engel,* NVwZ 2019, 1785, 1787.
216 *Voland/Engel,* NVwZ 2019, 1785, 1789.
217 *Voland,* LTO 2018; *Voland/Engel,* NVwZ 2019, 1785, 1789.

Kritikern des Pariser Abkommens genügt eine erhöhte Transparenz hingegen nicht. Sie fordern weitergehende Reformen, die den bestehenden Weltklimavertrag nicht nur präzisieren, sondern grundlegend umgestalten.[218]

### b) Einbeziehung nichtstaatlicher Akteure

Gefordert wird unter anderem eine stärkere Einbeziehung nichtstaatlicher Akteure in die vertraglichen Transparenz- und Durchsetzungsmechanismen.[219]

Nach dem Wortlaut von Art. 14 I PA soll die globale Bestandsaufnahme „im Lichte der (…) besten verfügbaren wissenschaftlichen Erkenntnisse" erfolgen. Insbesondere da die Aufzählung der dabei zugrunde zu legenden Quellen in Ziffer 99 der Begleitentscheidung nicht abschließend ist,[220] könnten auch Berichte nichtstaatlicher Akteure als „wissenschaftliche Erkenntnisse" im Sinne des Art. 14 I PA herangezogen werden.[221]

Zweifelhaft ist jedoch, ob die Parteien derartige Berichte akzeptieren oder sie als unzuverlässig zurückweisen würden.[222]

Zudem dürfte die praktische Umsetzung dieses Reformvorschlags schon aufgrund der hohen Anzahl potenziell in Betracht kommender Quellen, die jeweils auf ihre Vollständigkeit und Richtigkeit hin überprüft werden müssten, nur schwer möglich sein.[223]

---

218 *Spash,* Globalizations 2016, 928, 930.

219 *van Asselt,* Climate Law 2016, 91, 104; *Streck/von Unger/Krämer,* JEEPL 2019, 165, 187 ff.

220 Vgl. Entscheidung 1/CP.21 Ziff. 99, UN Doc. FCCC/CP/2015/10/Add.1: „including, but not limited to (…)".

221 *van Asselt,* Climate Law 2016, 91, 99.

222 Vgl. *van Asselt,* Climate Law 2016, 91, 100, der schildert, wie Indien im Jahr 2015 einen gemeinsamen Bericht von OECD und Climate Policy Initiative über die Fortschritte bei der Klimafinanzierung mit dem Argument zurückwies, die Zahlen seien manipuliert worden.

223 *van Asselt,* Climate Law 2016, 91, 100.

### c) Sanktionen für Vertragsverletzungen und stärkere Rechtsverbindlichkeit

Einer der meistkritisierten Aspekte des Pariser Abkommens ist das Fehlen vertraglicher Sanktionen.[224]

Die Guidelines schränkten die ohnehin begrenzten Durchsetzungsinstrumente des nach Art. 15 PA tätigen Ausschusses derart stark ein, dass nicht einmal mehr ein für die Vertragsparteien nachteiliges „naming and shaming“ möglich sei.[225] Zudem hätten Staaten in der Vergangenheit immer wieder bewiesen, dass sie innerstaatliche Interessen höher gewichten als ihren internationalen Ruf.[226] Der Durchsetzungsapparat des Pariser Abkommens sei daher zu verschärfen.

Als Vorbild für die konkrete Ausgestaltung eines solchen Mechanismus wird auf Art. 18 Kyoto-Protokoll verwiesen, der ein gerichtsähnliches Verfahren vorsieht und Sanktionen ermöglicht.[227]

Eine solche Reform wäre allerdings nur dann zielführend, wenn sie mit einer Pflicht zur Umsetzung der NDCs einherginge.[228] Andernfalls könnten die Parteien nur dazu gezwungen werden, die prozeduralen Pflichten zu beachten, was dem Klima allenfalls mittelbar zugutekäme.

Eine zwangsweise durchsetzbare Umsetzungspflicht würde aber den Anreiz senken, ambitionierte NDCs zu verabschieden,[229] weshalb dieser Reformvorschlag abzulehnen ist.

---

224 *Ekardt,* NVwZ 2016, 355, 356; *Ekardt/Wieding/Zorn,* Gutachten, S. 24; *Schlacke,* ZUR 2016, 65, 66; *Spash,* Globalizations 2016, 928, 930.

225 *Streck/von Unger/Krämer,* JEEPL 2019, 165, 186.

226 *Falkner,* International Affairs 2016, 1107, 1122; *Streck/von Unger/Krämer,* JEEPL 2019, 165, 187.

227 *Haites/Yamin/Höhne,* Working Paper, S. 19; *Markus,* ZaöRV 2016, 715, 747 f.; *von Unger,* ZUR 2018, 650, 653; *Zahar,* Chinese Journal of Environmental Law 2017, 69, 98.

228 *Jahrmarkt,* Internationales Klimaschutzrecht, S. 356.

229 *Jahrmarkt,* Internationales Klimaschutzrecht, S. 357.

### d) Rückkehr zum top-down Ansatz

Die Staaten zur Einhaltung bestimmter Ziele zu verpflichten, wäre hingegen dann effektiv, wenn sie diese Ziele nicht selbst festlegen könnten. Fraglich ist daher, inwieweit eine Rückkehr zum top-down Ansatz sinnvoll wäre.

#### aa) Erfahrungen mit dem Kyoto-Protokoll

Kritiker dieses Ansatzes lehnen ihn aufgrund der negativen Erfahrungen mit dem Kyoto-Protokoll ab.[230] Die Vergangenheit habe gezeigt, dass ein solches Abkommen weder auf breite Akzeptanz noch auf effektive Umsetzungsbemühungen stoße.[231]

Die Reduktionsziele der wenigen durch das Kyoto-Protokoll verpflichteten Parteien seien durch Emissionsverlagerungen ins Ausland umgangen worden (sog. „carbon leakage“).[232] Das zeige, dass auch verpflichtende Klimaschutzmaßnahmen leerliefen, wenn die Parteien nicht zur Umsetzung gewillt seien und ein solcher Wille könne nicht durch völkerrechtlich ohnehin nicht durchsetzbare Pflichten erzwungen werden.[233]

Dem ist zu widersprechen. Wenn die Angst vor „naming and shaming“ Staaten dazu motivieren kann, unverbindliche NDCs umzusetzen, sollte sie erst recht geeignet sein, die Einhaltung konkreter Reduktionspflichten zu gewährleisten.

Auch die Gefahr von carbon leakage wäre im Rahmen eines globalen Klimavertrags erheblich reduziert. Wenn nämlich alle Staaten dazu verpflichtet wären, ihre Emissionen zu senken, hätten sie einen

230 *Bodansky/Diringer,* Building Flexibility and Ambition into a 2015 Climate Agreement, S. 7; *Falkner,* International Affairs 2016, 1107, 1119; *Franzius,* ZUR 2017, 515, 521; *Streck,* ZUR 2019, 13, 17 f.

231 *Falkner,* International Affairs 2016, 1107, 1119; *Kreuter-Kirchhof,* DVBl 2017, 97, 101; *Unger/Oppold,* Informationen zur politischen Bildung Nr. 347/2021, 60, 62.

232 *Ekardt,* NVwZ 2016, 355, 357 f.; *King/van den Bergh,* Climate Change 2021, 1, 2; *Streck,* ZUR 2019, 13, 21 f.

233 *Falkner,* International Affairs 2016, 1107, 1108; *Markus,* ZaöRV 2016, 715, 741; *Streck,* ZUR 2019, 13, 21.

völkerrechtlichen Anreiz, der Verlagerung von Emissionen auf ihr Territorium zu widersprechen.

Das Scheitern des Kyoto-Protokolls ist somit kein hinreichender Grund, den top-down Ansatz grundsätzlich abzulehnen. Dieses Scheitern ist auch nicht allein auf das Bestehen konkreter Reduktionspflichten zurückzuführen, sondern vielmehr darauf, dass ein Großteil der Parteien die im Kyoto-Protokoll normierte Verantwortungsverteilung als unfair empfand.[234]

#### bb) Verteilungsschlüssel

Das tiefergehende Problem liegt somit darin, dass sich die Staaten bislang auf keine einheitliche Interpretation des CDR-Prinzips einigen konnten.[235]

Entwicklungs- und Schwellenländer befürworten häufig die historisch-emissionsbasierte oder die fähigkeitenbasierte Auslegung des CDR-Prinzips.[236] Erstere weist die Hauptverantwortung für den Klimaschutz denjenigen Staaten zu, die in der Vergangenheit am stärksten zur Erderwärmung beigetragen haben.[237] Letztere hält die Staaten für verantwortlich, die über die besten finanziellen und technischen Mittel verfügen, um den Klimawandel zu bekämpfen.[238]

Nach beiden Interpretationsweisen liegt die Hauptverantwortung für den Klimaschutz demnach bei den Industriestaaten.

234 *Jahrmarkt,* Internationales Klimaschutzrecht, S. 358 f.; *Streck,* ZUR 2019, 13, 17.

235 *Falkner,* International Affairs 2016, 1107, 1110; *Haites/Yamin/Höhne,* Working Paper, S. 14; *Jahrmarkt,* Internationales Klimaschutzrecht, S. 302 ff.; *Martens,* Entwicklung und Zusammenarbeit 3.12.2014; *Mayer,* Journal of Environmental Law 2021, 1, 10; *Schlacke,* ZUR 2018, 1, 1.

236 *Böhringer,* ZaöRV 2016, 753, 777; *Martens,* Entwicklung und Zusammenarbeit 3.12.2014; *Mayer,* Journal of Environmental Law 2021, 1, 10; *Schlacke,* ZUR 2018, 1, 1; *Unger/Oppold,* Informationen zur politischen Bildung Nr. 347/2021, 60, 62.

237 Zur historisch-emissionsbasierten Interpretation des CDR-Prinzips siehe Fn. 55.

238 Zur fähigkeitenbasierten Interpretation des CDR-Prinzips: *Jahrmarkt,* Internationales Klimaschutzrecht, S. 329 ff.; *Rajamani,* Yearbook of International Environmental Law 2006, 81, 102.

Diese gehen hingegen größtenteils von einer dynamisch-emissionsbasierten Interpretation[239] aus, nach der diejenigen Staaten zu stärkeren Reduktionen verpflichtet sind, die derzeit viel emittieren, also insbesondere die Schwellenländer.[240]

Im Ergebnis empfindet somit zwar jeder Staat seine NDCs als fair. Da die meisten Staaten die Verantwortung bei den jeweils anderen Parteien sehen, sind viele der NDCs jedoch objektiv betrachtet nicht ambitioniert genug.

Dies ist einerseits der Grund dafür, dass der bottom-up Ansatz nicht hinreicht,[241] andererseits aber auch ein Hindernis, das überwunden werden muss, um einen top-down Ansatz erfolgreich zu implementieren.

Bevor die Staaten über bestimmte Verteilungsschlüssel diskutieren, sollten sie daher zunächst einen Schritt zurückgehen und sich fragen, nach welchem Prinzip die Verantwortung für den Klimaschutz zu verteilen ist.

Als das CDR-Prinzip 1992 erstmals völkerrechtlich anerkannt wurde (vgl. Art. 3 Klimarahmenkonvention),[242] waren die Industriestaaten für 60 % der globalen Emissionen verantwortlich. Dieser Wert hat sich allerdings inzwischen fast halbiert, und ab 2030 werden voraussichtlich 75 % der Emissionen von Entwicklungsländern ausgehen.[243] Das früher oftmals präferierte historisch-emissionsbasierte Verständnis des CDR-Prinzips kann daher auf Dauer nicht zielführend sein.

Wie oben erläutert, indiziert Art. 4 III PA bereits, dass sich die Vertragsparteien von der historisch-emissionsbasierten Interpretation des CDR-Prinzips distanzieren und mehr Rücksicht auf die „nati-

239 Zur dynamisch-emissionsbasierten Interpretation des CDR-Prinzips: *Jahrmarkt*, Internationales Klimaschutzrecht, S. 325 ff.

240 *Martens*, Entwicklung und Zusammenarbeit 3.12.2014; *Mayer*, Journal of Environmental Law 2021, 1, 10; *Schlacke*, ZUR 2018, 1, 1.

241 *Jahrmarkt*, Internationales Klimaschutzrecht, S. 357 f.

242 *Martens*, Entwicklung und Zusammenarbeit 3.12.2014; *Streck*, ZUR 2019, 13, 17.

243 BMU, Die Klimakonferenz in Paris.

onalen Gegebenheiten" der Staaten nehmen.[244] Eine solche Rücksichtnahme setzt nicht zwingend voraus, Entwicklungsländer von ihrer Verantwortung zu entbinden, sondern kann auch durch verstärkte Maßnahmen zur Erfüllungshilfe erfolgen.

Um einen effektiven Klimaschutz zu gewährleisten, müssen insbesondere die derzeit größten Emittenten (also die Schwellenländer) mehr Verantwortung übernehmen. Vorzugswürdig ist daher die dynamisch-emissionsbasierte Interpretation des CDR-Prinzips,[245] ergänzt um eine fähigkeitenbasierte Komponente, die die Industriestaaten zu finanzieller Unterstützung verpflichtet.

#### cc) Nachteil des top-down Ansatzes

Die Einführung eines dynamisch-emissionsbasierten top-down Modells würde auf wenig Konsens stoßen.[246] Es bestünde insbesondere die Gefahr, dass Schwellenländer wie Indien oder China, die nach einem solchen Ansatz starken Reduktionspflichten unterlägen, aus dem Pariser Abkommen austräten.

Zwar könnte man meinen, der Austritt eines Staates komme im Ergebnis dem Erlass inhaltsleerer NDCs gleich.

Eine solche Sichtweise lässt jedoch außer Acht, dass die Mitgliedschaft insbesondere größerer und einflussreicherer Staaten eng mit der erfolgreichen Implementierung des Pariser Abkommens durch die anderen Vertragsparteien verbunden ist.

So hat beispielsweise die Austrittserklärung der USA im Jahr 2017 die Verhandlungen über die Guidelines gelähmt, da eine Führungsrolle[247] fehlte. Dies hat die in Paris noch vorhandenen Ambitionen

244 Siehe oben: B. I. 2. a) bb).

245 *Jahrmarkt*, Internationales Klimaschutzrecht, S. 338; *Schlacke*, ZUR 2018, 1, 1.

246 *Bodansky/Diringer*, Building Flexibility and Ambition into a 2015 Climate Agreement, S. 7; *Haites/Yamin/Höhne*, Working Paper, S. 9; *Morgenstern/Dehnen*, ZUR 2016, 131, 137.

247 Zur Relevanz von Führungsstaaten für die Effektivität des Pariser Abkommens und der Führungsrolle der USA: *Andersen*, Climate Law 2019, 122, 127 ff.; *Streck*, ZUR 2019, 13, 21.

gedämpft und sich somit auch negativ auf die Klimaschutzbeiträge anderer Staaten ausgewirkt.[248]

Dieses Beispiel zeigt, wie wichtig es ist, die Globalität des Abkommens beizubehalten und den bottom-up Ansatz somit zumindest nicht gänzlich aufzugeben.

## 3. Konkreter Reformvorschlag

Da weder der top-down noch der bottom-up Ansatz für sich genommen hinreichend effektiv sind, sollte der reformierte Weltklimavertrag die beiden Modelle in einem hybriden Modell miteinander kombinieren.[249]

### a) Inhalt

#### aa) Reduktionspflichten

Den Ausgangspunkt sollte das Pariser Abkommen samt seines bottom-up Ansatzes bilden. Ergänzend müsste allerdings ein top-down Mechanismus eingeführt werden, dem sich Staaten freiwillig unterwerfen könnten.

Die Vertragsparteien wären demnach in zwei Gruppen einzuteilen: Annex-A Staaten, die ihre NDCs weiterhin selbst festlegen dürften, und Annex-B Staaten, deren Reduktionsziele gewissen Mindestanforderungen entsprechen müssten.

Eine von den Parteien eingerichtete Institution sollte die konkreten Reduktionspflichten eines jeden Annex-B Staates unter Zugrundelegung der dynamisch-emissionsbasierten Interpretation des CDR-Prinzips festlegen, regelmäßig überprüfen und gegebenenfalls anpassen.[250]

248 Zu den Auswirkungen der Austrittserklärung der USA: *Unger/Oppold,* Informationen zur politischen Bildung Nr. 347/2021, 60, 67.

249 *Bodansky/Diringer,* Building Flexibility and Ambition into a 2015 Climate Agreement, S. 3; *Franzius,* ZUR 2017, 515, 515.

250 Vgl. für einen ähnlichen Vorschlag, der die Teilnahme am top-down Modell al-

Dies brächte eine gewisse Symbolwirkung mit sich.[251] Annex-A Staaten wären dem Druck ausgesetzt, sich in ihren NDCs der von ihren Vertragspartnern anerkannten Interpretation des CDR-Prinzips anzuschließen oder sogar zu Annex-B Staaten „aufzusteigen". Dass sie hierzu aber nicht verpflichtet wären, würde die Gefahr reduzieren, dass sie sich aufgrund der Reform gänzlich vom Pariser Abkommen abwenden.

Zwar könnten die Staaten jederzeit frei zwischen den Annexen hin und her wechseln. Da auch die Annex-B Staaten ihre verpflichtend umzusetzenden Klimaziele in Form von NDCs veröffentlichen würden, wären sie aber über das in Art. 4 III PA normierte Progressionsgebot daran gehindert, ihre Klimaziele nach einem Wechsel ins Annex-A Modell wieder zu senken.

Die Klimaschutzbemühungen eines Staates, der einmal Mitglied im Annex-B war, könnten somit allenfalls stagnieren, sich aber nicht verschlechtern.

Damit der Beitritt zum Annex-B nicht mit unvorhersehbaren Risiken künftig nicht mehr rückgängig machbarer Reduktionspflichten verbunden ist, sollte die für die Verteilung zuständige Institution nicht nur die Reduktionspflichten der Annex-B Staaten berechnen, sondern auch Berichte über die hypothetischen NDCs veröffentlichen, die die Annex-A Staaten ihrer Berechnung nach erlassen müssten.

Dadurch wüssten die Annex-A Staaten, mit welchen Reduktionspflichten sie bei einem Wechsel in den Annex-B rechnen müssten.

Gleichzeitig würde sowohl den betroffenen Staaten als auch der diese politisch beeinflussenden Bevölkerung vor Augen geführt, inwiefern die NDCs eines Annex-A Staates von den Reduktionszielen abweichen, die er sich fairerweise setzen sollte.

lerdings verbindlich vorschriebe: *Jahrmarkt,* Internationales Klimaschutzrecht, S. 344 ff.

251 Zur Wirkung von „opt-in" Elementen in internationalen Verträgen: *Bodansky/ Diringer,* Building Flexibility and Ambition into a 2015 Climate Agreement, S. 5.

### bb) Erfüllungshilfe

Nach der dynamisch-emissionsbasierten Interpretation des CDR-Prinzips unterlägen Entwicklungs- und Schwellenländer solchen Reduktionspflichten, die sie aufgrund fehlender finanzieller und administrativer Ressourcen nicht erfüllen könnten.

Damit dies sie nicht davon abhält, dem Annex-B beizutreten, sollten ihre Reduktionspflichten durch eine Bedingungsklausel vom Erhalt einer ausreichend hohen finanziellen und technischen Unterstützung abhängig gemacht werden.[252]

Völkerrechtlich wären sie somit stets nur zu solchen Maßnahmen verpflichtet, die sie aufgrund der tatsächlich erhaltenen Erfüllungshilfe ergreifen könnten. Wenn diese hinter dem objektiv erforderlichen Maß zurückbliebe, fiele die Schuld auf die Industriestaaten zurück, die ihre Finanzierungspflichten verletzt hätten.

### cc) Durchsetzungsapparat

Um die abschreckende Wirkung verbindlicher Reduktionsziele abzumildern, sollte auch der top-down Teil des Abkommens weder Sanktionen noch Austrittsbarrieren enthalten. Im Lichte der fehlenden Durchsetzbarkeit des Völkerrechts stünde dies der Wirksamkeit des Vertrags nicht entgegen.[253]

Sowohl Annex-A als auch Annex-B Staaten wären durch „naming and shaming" angehalten, ihre Ziele umzusetzen,[254] wobei der politische Druck, die verbindlichen Reduktionsziele zu erreichen, allerdings höher sein dürfte als der Druck, die unverbindlichen NDCs umzusetzen.

252 Vgl. für einen ähnlichen Vorschlag, nach dem im Falle der unzureichenden Erfüllungshilfe jedoch nur eine teilweise Entbindung von der Reduktionspflicht angenommen wird: *Jahrmarkt,* Internationales Klimaschutzrecht, S. 368.

253 Andere Ansicht: *Jahrmarkt,* Internationales Klimaschutzrecht, S. 377; *Zahar,* Chinese Journal of Environmental Law 2017, 69, 98.

254 Zur Wirksamkeit von „naming and shaming" bei der Umsetzung konkreter Reduktionspflichten: *Franzius,* ZUR 2017, 515, 522.

## b) Mehrwert dieser Reform

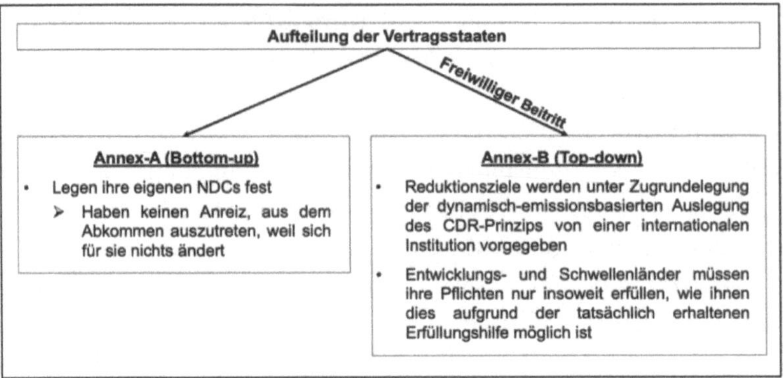


Abb. 5: Reformvorschlag für einen künftigen Weltklimavertrag

Der Mehrwert dieser Reform bestünde in der qualitativen Aufwertung der von den Annex-B Staaten umzusetzenden Beiträge. Mittelbar würde sich dies auch auf die Ambition der Annex-A Staaten auswirken, da ihre NDCs im Vergleich weit hinter den Zielen der Annex-B Staaten zurückblieben.

Die Reform würde demnach der derzeit größten Schwäche des Pariser Abkommens – den unzureichenden NDCs – begegnen, ohne dabei seine größte Stärke[255] – die Globalität des Abkommens – aufzugeben.

## c) Erfolgsaussichten einer solchen Reform

Da keinerlei Pflicht bestünde, dem Annex-B beizutreten, ist die Akzeptanz einer solchen Reform realistischer als die eines Vertrags, der alle Staaten einem top-down Ansatz unterwirft.

Fraglich ist jedoch, welcher Anreiz bestünde, dem Annex-B beizutreten.

255 So auch: *Espinosa*, Anhang, S. 69.

### aa) Druck seitens der Bevölkerung

Die Implementierung eines top-down Mechanismus setzt einen starken politischen Druck seitens der Bevölkerung voraus.

Da das vorgeschlagene Vertragsmodell die Transparenz der übernommenen Klimaverantwortung erhöhen würde, ist es durchaus wahrscheinlich, dass der Druck, dem Annex-B beizutreten, größer wäre als der gegenwärtige Druck, ambitionierte NDCs zu erlassen.

Wer derzeit die Bemühungen eines Staates beurteilen möchte, muss dessen NDCs lesen, auswerten und mit anderen NDCs vergleichen. Nach dem hier vorgestellten Modell genügte hingegen ein Blick in die Liste der Annex-B Staaten, um zu erkennen, welche Parteien bereit sind, ihrer Klimaverantwortung gerecht zu werden.

Die Bevölkerung müsste die staatlichen Maßnahmen somit nicht selbst bewerten, sondern könnte dem Urteil der Institution vertrauen, die für die Bestimmung der Reduktionspflichten der Annex-B Staaten zuständig wäre.

Der reformierte Vertrag würde auch flexibel auf sich ändernde Umstände innerhalb einzelner Staaten reagieren.[256] Im Unterschied zum Kyoto-Protokoll unterlägen nicht nur die Parteien konkreten Reduktionspflichten, die im Zeitpunkt der Verhandlungen bereit waren, solche anzuerkennen, sondern auch Staaten, die im Laufe der Jahre vom Annex-A ins Annex-B Modell gewechselt sind, ohne dass hierfür stets ein neuer völkerrechtlicher Verhandlungsprozess nötig wäre.

### bb) Vertrauen unter den Vertragsparteien

Grundvoraussetzung für die Wirksamkeit des Pariser Abkommens ist das Vertrauen auf gegenseitige Vertragserfüllung.[257]

256 Dies ist laut *Bodansky/Diringer,* Building Flexibility and Ambition into a 2015 Climate Agreement, S. 5 einer der Vorteile von „opt-in" Ansätzen.

257 *Franzius,* ZUR 2017, 515, 519; *Pauw/Mbeva/van Asselt,* Palgrave Communications 2019, S. 2; *Streck/von Unger/Krämer,* JEEPL 2019, 165, 186; *Streck,* ZUR 2019, 13, 16.

Eines der derzeit größten Verhandlungshindernisse besteht darin, dass dieses Vertrauen geschwächt ist, da die Industriestaaten ihr Versprechen, den Entwicklungsländern jährlich Erfüllungshilfe in Höhe von 100 Milliarden Dollar zu gewähren, noch nicht erfüllt haben.[258] Aktuellen Schätzungen zufolge werden sie dieses schon 2009 beschlossene[259] Ziel erst ab 2023 erreichen.[260]

Solange die Erfüllung der Finanzierungsversprechen noch aussteht, ist es höchst unwahrscheinlich, dass Entwicklungsländer weitere Pflichten auf sich nehmen, da sie sich nicht sicher sein können, die hierfür notwendige Unterstützung zu erhalten.[261]

Die im hier dargelegten Reformmodell vorgeschlagene Bedingungsklausel, nach der alle Pflichten entfielen, die aufgrund nicht geleisteter Finanzhilfen nicht erfüllt werden könnten, würde dieser Sorge jedoch Rechnung tragen und somit nicht nur den Anreiz für Entwicklungsländer erhöhen, dem Annex-B beizutreten, sondern auch Druck auf die Geberländer ausüben, ihre Finanzversprechen einzuhalten.

258 *Espinosa,* Anhang, S. 72 f.

259 Entscheidung 2/CP.15 Ziff. 8, UN Doc. FCCC/CP/2009/11/Add. 1.

260 *Wilkinson/Flasbarth,* Climate Finance Delivery Plan, S. 8.

261 *Espinosa,* Anhang, S. 71 f.

## C. Fazit

Der anthropogene Klimawandel wird häufig als die größte globale Herausforderung der Menschheit bezeichnet.[262] Schon im Laufe der nächsten 5 Jahre könnte die in Art. 2 I lit. a) PA angestrebte 1,5 Grad Grenze überschritten sein.[263]

Das Pariser Abkommen ist Ausdruck davon, dass quasi die gesamte Mehrheit der Staatengemeinschaft die Dringlichkeit des Problems erkannt hat und bereit ist, ihm zu begegnen.[264] Es schafft einen globalen und multilateralen Rahmen, der nun durch innerstaatliche Maßnahmen auszufüllen und mithilfe künftiger Reformen weiterzuentwickeln ist.[265]

Wie die vorliegende Arbeit zeigt, ist der Weg zu einem effektiven Klimaschutz nicht völkerrechtlicher Zwang, sondern die Bereitschaft der Staaten, Verantwortung zu übernehmen. Bislang spiegelt sich diese Bereitschaft in den nationalen Klimaschutzbeiträgen allerdings noch nicht in dem Maße wider, das erforderlich ist, um die Ziele des Pariser Abkommens zu erreichen.[266]

262 *Hecking/Henk/Uchatius,* Die Zeit Nr. 45/2016; *Jacquet/Jamieson,* Nature Climate Change 2016, 643, 643; *Jahrmarkt,* Internationales Klimaschutzrecht, S. 358; *Savaresi,* Research Paper, Abstract; *Streck,* ZUR 2019, 13, 14.

263 *Espinosa,* Anhang, S. 73.

264 *Rajamani,* ICLQ 2016, 493, 513; *Schlacke,* ZUR 2016, 65, 66.

265 *Böhringer,* ZaöRV 2016, 753, 754 f.; *Falkner,* International Affairs 2016, 1107, 1124; *Kreuter-Kirchhof,* DVBl 2017, 97, 98, 102; *Schlacke,* ZUR 2016, 65, 66.

266 Siehe oben: B. I. 3.

Vor diesem Hintergrund wird die künftige Aufgabe des internationalen Klimaschutzrechts darin bestehen, die Vertragsparteien zum Erlass und zur Umsetzung hinreichend ambitionierter Klimaziele zu motivieren.[267]

Die EU hat in den letzten 30 Jahren gezeigt, dass sich Ökonomie und Ökologie nicht widersprechen müssen, sondern Wirtschaftswachstum auch bei gleichzeitiger Reduktion der Treibhausgasemissionen möglich ist.[268]

Ein effektiver globaler Klimaschutz setzt nun voraus, dass die Industriestaaten zum einen ihre eigenen Bemühungen verstärken und zum anderen ihre finanziellen Versprechen erfüllen, um auch den weniger entwickelten Vertragsstaaten zur Vereinbarung von Ökonomie und Ökologie zu verhelfen.

Denn die Tragik der Allmende ist nur überwindbar, wenn der Zugriff auf das frei zugängliche Gut hinreichend stark reguliert wird.[269] Auf globaler Ebene setzt eine solche Regulierung ein lösungsorientiertes Zusammenwirken aller Staaten voraus.

---

267 *Kreuter-Kirchhof,* DVBl 2017, 97, 104.

268 EU-Bruttoinlandsprodukt ist seit 1990 um ca. 62 % gestiegen und Treibhausgasemissionen gleichzeitig um ca. 21 % gesunken, vgl.: https://www.destatis.de/Europa/DE/Home/_inhalt.html; andere Ansicht: *Ekardt,* NVwZ 2016, 355, 358.

269 *Streck,* ZUR 2019, 13, 15.

# Literaturverzeichnis

*Andresen, Steinar:* The Paris Agreement and its Rulebook in a Problem-Solving Perspective, in: Climate Law 2019, S. 122–136.

*Asselt, Harro van:* The Role of Non-State Actors in Reviewing Ambition, Implementation, and Compliance under the Paris Agreement, in: Climate Law 2016, S. 91–108.

*Bell, Derek:* Global Climate Justice, Historic Emissions and Excusable Ignorance, in: The Monist 2011, S. 391–411.

*Bodansky, Daniel / Diringer, Elliot:* Building Flexibility and Ambition into a 2015 Climate Agreement, Center for Climate and Energy Solutions, Juni 2014, abrufbar unter: https://www.c2es.org/site/assets/uploads/2014/06/building-flexibility-ambition-2015-climate-agreement.pdf (zitiert: *Bodansky/Diringer,* Building Flexibility and Ambition into a 2015 Climate Agreement).

*Bodansky, Daniel:* Legally binding versus non-legally binding instruments, August 2016, abrufbar unter: https://papers.ssrn.com/sol3/papers.cfm?ab-stract_id=2649630 (zitiert: *Bodansky,* Legally binding versus non-legally binding instruments).

*Bodansky, Daniel:* The Legal Character of the Paris Agreement, in: RECIEL 2016, S. 142–150.

*Böhringer, Ayse-Martina:* Das Pariser Klimaübereinkommen – Eine Kompromisslösung mit Symbolkraft und Verhaltenssteuerungspotential, in: ZaöRV 2016, S. 753–795.

*Boysen, Sigrid:* Entgrenzt – pluralistisch – reflexiv – polyzentrisch – kontestiert: Das Transnationale am transnationalen Klimaschutzrecht, in: ZUR 2018, S. 643–649.

Bundesministerium für Umwelt, Naturschutz, nukleare Sicherheit und Verbraucherschutz: Klimaschützer schreiben Geschichte, Pressemitteilung Nr. 344/15, 12.12.2015, abrufbar unter: https://www.bmu.de/pressemitteilung/klimaschuetzer-schreiben-geschichte/ (zitiert: BMU, Pressemitteilung Nr. 344/15).

Bundesministerium für Umwelt, Naturschutz und nukleare Sicherheit und Verbraucherschutz: Die Klimakonferenz in Paris, 12.8.2021, abrufbar unter: https://www.bmu.de/themen/klimaschutz-anpassung/klimaschutz/internationale-klimapolitik/pariser-abkommen#c8535 (zitiert: BMU, Die Klimakonferenz in Paris).

*Chatzinerantzis, Alexandros / Herz, Benjamin:* Climate Change Litigation – Der Klimawandel im Spiegel des Haftungsrechts, in: NJOZ 2010, S. 594–598.

*Clémençon, Raymond:* The Two Sides of the Paris Climate Agreement: Dismal Failure or Historic Breakthrough?, JED 2016, S. 3–24.

Deutscher Bundestag, Unterabteilung Europa, Fachbereich Europa: Rechtsverbindlichkeit des Übereinkommens von Paris, September 2018, abrufbar unter: https://www.bundestag.de/resource/blob/576388/cf610835eaad175889f7e92dbc554ce1/PE-6-105-18-pdf-data.pdf (zitiert: Deutscher Bundestag, Rechtsverbindlichkeit des PA).

*Ekardt, Felix:* Das Paris-Abkommen zum globalen Klimaschutz – Chancen und Friktionen – auf dem Weg zu einer substanziellen EU-Vorreiterrolle?, in: NVwZ 2016, S. 355–358.

*Ekardt, Felix / Wieding, Jutta / Garske, Beatrice / Stubenrauch, Jessica:* Landnutzungs- und düngungsbezogener Klimaschutz in europa- und völkerrechtlicher Perspektive, in: ZUR 2018, S. 143–154.

*Ekardt, Felix / Wieding, Jutta / Henkel, Marianne:* Climate Justice 2019, abrufbar unter: https://www.bund.net/fileadmin/user_upload_bund/publikationen/bund/position/climate_justice_position.pdf (zitiert: *Ekardt/Wieding/Henkel,* Climate Justice 2019).

*Ekardt, Felix / Wieding, Jutta / Zorn, Anika:* Paris-Abkommen, Menschenrechte und Klimaklagen – Rechtsgutachten im Auftrag des Solarenergie-Fördervereins Deutschland e.V. vom 04.01.2018, abrufbar unter: https://web.archive.org/web/20180107051307/https://www.sfv.de/pdf/ParisSFV7.pdf (zitiert: *Ekardt/Wieding/Zorn,* Gutachten).

*Epiney, Astrid:* Zur Einführung – Umweltvölkerrecht, in: JuS 2003, S. 1066–1072.

*Falk, Richard:* 'Voluntary' International Law and the Paris Agreement, Januar 2016, abrufbar unter: https://richardfalk.org/2016/01/16/voluntary-international-law-and-the-paris-agreement/ (zitiert: *Falk,* Voluntary International Law and the Paris Agreement).

*Falkner, Robert:* The Paris Agreement and new logic of international climate politics, in: International Affairs 2016, S. 1107–1125.

*Frank, Will:* Climate Change Litigation – Klimawandel und haftungsrechtliche Risiken – Erwiderung auf Chatzinerantzis/Herz (NJOZ 2010, 594), in: NJOZ 2020, S. 2296–2300.

*Frank, Will:* Anmerkungen zum Pariser Klimavertrag aus rechtlicher Sicht – insbesondere zu den „(I)NDCs“, der 2°/1,5° Celsius-Schwelle und „loss and damage“ im Kontext völkerrechtlicher Klimaverantwortung, in: ZUR 2016, S. 352–358.

*Franzius, Claudio:* Das Paris-Abkommen zum Klimaschutz – Auf dem Weg zum transnationalen Klimaschutzrecht?, in: ZUR 2017, S. 515–525.

*French, Duncan / Rajamani, Lavanya:* Climate Change and International Environmental Law: Musings on a Journey to Somewhere, in: Journal of Environmental Law 2013, S. 437–461.

*Frenz, Walter:* Kohleausstieg en marche, in: RdE 2019, S. 159–169.

*Grabenwarter, Christoph / Pabel, Katharina:* Europäische Menschenrechtskonvention – Ein Studienbuch, 7. Auflage, München 2021 (zitiert: *Grabenwarter/Pabel,* EMRK).

*Grabitz, Eberhard / Hilf, Meinhard / Nettesheim, Martin:* Das Recht der Europäischen Union, Band I EUV/AEUV, 72. Ergänzungslieferung Februar 2021 (zitiert: Grabitz/Hilf/Nettesheim-*Bearbeiter*).

*Groeben, Hans von der / Schwarze, Jürgen / Hatje, Armin:* Europäisches Unionsrecht, 7. Auflage, Baden-Baden 2015 (zitiert: von der Groeben/Schwarze/Hatje-*Bearbeiter*).

*Haites, Erik / Yamin, Farhana / Höhne, Niklas:* Possible Elements of a 2015 Legal Agreement on Climate Change, Working Paper, Oktober 2013, abrufbar unter: https://www.iddri.org/sites/default/files/import/publications/wp1613_eh-fy-nh_legal-agreement-2015.pdf (zitiert: *Haites/Yamin/Höhne,* Working Paper).

*Hardin, Garrett:* The Tragedy of the Commons, Dezember 1968, abrufbar unter: https://pages.mtu.edu/~asmayer/rural_sustain/governance/Hardin%201968.pdf, (zitiert: *Hardin,* The Tragedy of the Commons).

*Hecking, Claus / Henk, Malte / Uchatius, Wolfgang:* Die Reparatur der Erde, in: Die Zeit Nr. 45/2016, 27. Oktober 2016.

*Herdegen, Matthias:* Völkerrecht, 20. Auflage, München 2021 (zitiert: *Herdegen,* Völkerrecht).

*Höhne, Niklas / Sterl, Sebastian / Kuramochi, Takeshi / Röschel, Lina:* Was bedeutet das Pariser Abkommen für den Klimaschutz in Deutschland? – Kurzstudie von NewClimate Institute im Auftrag von Greenpeace, Februar 2016, abrufbar unter: https://www.greenpeace.de/sites/www.greenpeace.de/files/publications/160222_klimaschutz_paris_studie_02_2016_fin_neu.pdf (zitiert: *Höhne/Sterl/Kuramochi/Röschel,* Kurzstudie).

Intergovernmental Panel on Climate Change: Climate Change 2014 – Synthesis Report, abrufbar unter: https://www.ipcc.ch/site/assets/uploads/2018/02/SYR_AR5_FINAL_full.pdf (zitiert: IPCC, Synthesis Report 2014).

*Jacquet, Jennifer / Jamieson, Dale:* Soft but significant power in the Paris Agreement, in: Nature Climate Change 2016, S. 643–646.

*Jahrmarkt, Lena:* Internationales Klimaschutzrecht – Der Weg zu einem Weltklimavertrag im Sinne gemeinsamer, aber differenzierter Verantwortlichkeit, Baden-Baden 2016 (zitiert: *Jahrmarkt,* Internationales Klimaschutzrecht).

*King, Lewis / Bergh, Jeroen van den:* Potential carbon leakage under the Paris Agreement, in: Climatic Change, Band 165, März 2021, S. 1–19.

*Kokott, Juliane:* Souveräne Gleichheit und Demokratie im Völkerrecht, in: ZaöRV 2004, S. 517–533.

*Kreuter-Kirchhof:* Das Pariser Klimaschutzübereinkommen und die Grenze des Rechts – eine neue Chance für den Klimaschutz, in: DVBl 2017, S. 97–104.

*Markus, Till:* Die Problemwirksamkeit des internationalen Klimaschutzrechts – Ein Beitrag zur Diskussion um die Effektuierung völkerrechtlicher Verträge, in: ZaöRV 2016, S. 715–752.

*Martens, Jens:* Globale Lasten fair teilen, in: Entwicklung und Zusammenarbeit, 3.12.2014, abrufbar unter: https://www.dandc.eu/de/article/reiche-industrielaender-wollen-das-prinzip-der-gemeinsamen-aber-unterschiedlichen.

*Maunz, Theodor / Dürig, Günter* (Begr.): Grundgesetz Kommentar, 94. Ergänzungslieferung, Januar 2021 (zitiert: Maunz/Dürig GG-*Bearbeiter*).

*Mayer, Benoit:* Temperature Targets and State Obligations on the Mitigation of Climate Change, in: Journal of Environmental Law 2021, S. 1–27.

*Morgan, Jennifer / Northrop, Eliza:* Will the Paris Agreement accelerate the pace of change?, in: Wiley Interdisciplinary Reviews: Climate Change 2017, S. 1–7 (zitiert: *Morgan/Northrop,* WIREs Climate Change 2017).

*Morgenstern, Lutz / Dehnen, Milan:* Eine neue Ära für den internationalen Klimaschutz: Das Übereinkommen von Paris, in: ZUR 2016, S. 131–138.

*Nückel, David:* Rechtlicher Charakter des Pariser Übereinkommens – hard law oder soft law?, in: ZUR 2017, S. 525–532.

*Oberthür, Sebastian / Bodle, Ralph:* Legal Form and Nature of the Paris Outcome, in: Climate Law 2016, S. 40–57.

*Pauw, Pieter / Mbeva, Kennedy / van Asselt, Harro:* Subtle differentiation of countries' responsibilities under the Paris Agreement, in: Palgrave Communications 2019, abrufbar unter: https://www.nature.com/articles/s41599-019-0298-6.pdf (zitiert: *Pauw/Mbeva/van Asselt,* Palgrave Communications 2019).

*Pauwelyn, Joost / Andonova, Lilliana:* A "Legally Binding Treaty" or Not? The Wrong Question for Paris Climate Summit, 4.12.2015, abrufbar unter: https://www.ejiltalk.org/a-legally-binding-treaty-or-not-the-wrong-question-for-paris-climate-summit/ (zitiert: *Pauwelyn/Andonova,* A "Legally Binding Treaty" or Not?).

*Pickering, Jonathan / McGee, Jeffrey / Karlsson-Vinkhuyzen, Sylvia / Wenta, Joseph:* Global Climate Governance Between Hard and Soft Law: Can the Paris Agreement's 'Crème Brûlée' Approach Enhance Ecological Reflexivity? in: Journal of Environmental Law 2019, S. 1–28.

*Pötter, Bernhard:* Fürs Klima vors Gericht, in: taz, 26.5.2018, abrufbar unter: https://taz.de/Familien-gegen-EU/!5506440/.

*Purnhagen, Kai / Saurer, Johannes:* Climate Change Litigation – Liability of EU Member States under EU law, Wageningen University Law Group, März 2020, abrufbar unter: https://papers.ssrn.com/sol3/papers.cfm?abstract_id=3594386 (zitiert: *Purnhagen/Saurer,* Climate Change Litigation).

*Rajamami, Lavanya:* The Principle of Common but Differentiated Responsibility and the Balance of Commitments under the Climate Regime, in: RECIEL 2000, S. 120–131.

*Rajamani, Lavanya:* The Nature, Promise, and Limits of Differential Treatment in the Climate Regime, in: Yearbook of International Environmental Law 2006, S. 81–118.

*Rajamani, Lavanya:* The 2015 Paris Agreement: Interplay Between Hard, Soft and Non-Obligations, in: Journal of Environmental Law 2016, S. 337–358.

*Rajamani, Lavanya:* Ambition and Differentiation in the 2015 Paris Agreement: Interpretative Possibilities and Underlying Politics, in: ICLQ 2016, S. 493–514.

*Rajamani, Lavanya / Brunnée, Jutta:* The Legality of Downgrading Nationally Determined Contributions under the Paris Agreement: Lessons from the US Disengagement, in: Journal of Environmental Law 2017, S. 537–551.

*Saurer, Johannes:* Klimaschutz global, europäisch, national – Was ist rechtlich verbindlich? in: NVwZ 2017, S. 1574–1579.

*Saurer, Johannes:* Verfahrensregeln im internationalen Klimaschutzrecht – Bedeutung und Entwicklung von der Klimarahmenkonvention bis zum Rulebook zum Pariser Abkommen, in: NuR 2019, S. 145–151.

*Savaresi, Annalisa:* The Paris Agreement: A New Beginning?, University of Edinburgh School of Law Research Paper, März 2016, abrufbar unter: https://papers.ssrn.com/sol3/papers.cfm?abstract_id=2747629 (zitiert: *Savaresi,* Research Paper).

*Schlacke, Sabine:* Die Pariser Klimavereinbarung – ein Durchbruch? Ja (!), aber…, in: ZUR 2016, S. 65–66.

*Schlacke, Sabine:* COP 23: nach der COP ist vor der COP, in: ZUR 2018, S. 1–2.

*Schlacke, Sabine:* Umweltrecht, 7. Auflage, Baden-Baden 2019 (zitiert: *Schlacke,* Umweltrecht).

*Schmidt, Reiner / Kahl, Wolfgang / Gärditz, Klaus Ferdinand:* Umweltrecht, 11. Auflage, München 2019 (zitiert: *Schmidt/Kahl/Gärditz,* Umweltrecht).

*Slaughter, Anne-Marie:* The Paris Approach to Global Governance, Dezember 2015, abrufbar unter: https://www.project-syndicate.org/commentary/paris-agreement-model-for-global-governance-by-anne-marie-slaughter-2015-12 (zitiert: *Slaughter,* The Paris Approach to Global Governance).

*Spash, Clive:* This Changes Nothing: The Paris Agreement to Ignore Reality, in: Globalizations 2016, S. 928–933.

*Stäsche, Uta:* Entwicklungen des Klimaschutzrechts und der Klimaschutzpolitik 2019–2021, in: EnWZ 2021, S. 151–161.

*Streck, Charlotte:* Vertragsgestaltung im Wandel der internationalen Klimapolitik: Das Paris Abkommen setzt auf Freiwilligkeit anstatt vorgegebener Ziele, in: ZUR 2019, S. 13–23.

*Streck, Charlotte / von Unger, Moritz / Krämer, Nicole:* From Paris to Katowice: COP–24 Tackles the Paris Rulebook, in: JEEPL 2019, S. 165–190.

*Streck, Charlotte:* Filling in for Governments? The Role of the Private Actors in the International Climate Regime, in: JEEPL 2020, S. 5–28.

United Nations Environment Programme: Klimawandel vor Gericht – Ein globaler Überblick, Mai 2017, abrufbar unter: https://wedocs.unep.org/bitstream/handle/20.500.11822/20767/The%20Status%20of%20Climate%20Change%20Litigation%20-%20A%20Global%20Review%20-%20UN%20Environment%20-%20May%202017%20-%20DE.pdf (zitiert: UNEP, Klimawandel vor Gericht 2017).

United Nations Environment Programme: Emissions Gap Report 2018, abrufbar unter: https://wedocs.unep.org/bitstream/handle/20.500.11822/26895/EGR2018_FullReport_EN.pdf?sequence=1&isAllowed=y (zitiert: UNEP, Emissions Gap Report 2018).

United Nations Environment Programme: Global Climate Litigation Report – 2020 Status Review, abrufbar unter: https://wedocs.unep.org/bitstream/handle/20.500.11822/34818/GCLR.pdf?sequence=1&isAllowed=y (zitiert: UNEP, Global Climate Litigation Report 2020).

United Nations Framework Convention on Climate Change: Nationally determined contributions under the Paris Agreement Synthesis report by the secretariat, September 2021, abrufbar unter: https://unfccc.int/sites/default/files/resource/cma2021_08_adv_1.pdf (zitiert: UNFCCC, NDC-Synthesebericht).

*Unger, Charlotte / Oppold, Daniel:* Klimaschutz als Aufgabe für Politik und Gesellschaft, in: Informationen zur politischen Bildung Nr. 347/2021, S. 60–67.

Vereinigung der Bayerischen Wirtschaft: Klimapolitik nach Glasgow, November 2021, abrufbar unter: https://www.vbw-bayern.de/Redaktion/Frei-zugaengliche-Medien/Abteilungen-GS/Wirtschaftspolitik/2021/Downloads/vbw_Position_Klimapolitik_nach_Glasgow_November_2021.pdf (zitiert: VBW, Klimapolitik nach Glasgow 2021).

*Voigt, Christina:* State Responsibility for Climate Change Damage, in: Nordic Journal of International Law 2008, S. 1–22.

*Voigt, Christina / Ferreira, Felipe:* Differentiation in the Paris Agreement, in: Climate Law 2016, S. 58–74.

*Voland, Thomas:* Destination unknown, Legal Tribune Online, 20.12.2018, abrufbar unter: https://www.lto.de/recht/hintergruende/h/klimakonferenz-katowice-voelkerrecht-erderwaermung-destination-unknown/ (zitiert: *Voland,* LTO 2018).

*Voland, Thomas / Engel, Stefan:* Regeln für das Weltklima Inhalt und Rechtsnatur von Pariser Übereinkommen und „Regelbuch", in: NVwZ 2019, S. 1785–1790.

*Voßkuhle, Andreas:* Umweltschutz und Grundgesetz, in: NVwZ 2013, S. 1–8.

*Wilkinson, Jonathan / Flasbarth, Jochen:* Climate Finance Delivery Plan: Meeting the US$100 Billion Goal, Oktober 2021, abrufbar unter: https://ukcop26.org/wp-content/uploads/2021/10/Climate-Finance-Delivery-Plan-1.pdf.

*Xinmin, MA:* Statement on Responsibility of States for Internationally Wrongful Acts (2007), in: Chinese Journal of International Law 2008, S. 563–566.

*Zahar, Alexander:* A Bottom-Up Compliance Mechanism for the Paris Agreement, in: Chinese Journal of Environmental Law 2017, S. 69–98.

*Ziehm, Cornelia:* Klimaschutz im Mehrebenensystem – Kyoto, Paris, europäischer Emissionshandel und nationale CO2-Grenzwerte, in: ZUR 2018, S. 339–345.

## Abbildungsverzeichnis



Alle Abbildungen wurden von der Autorin erstellt.

# Anhang: Interview mit der Leiterin (Exekutivsekretärin) des Sekretariats der Klimarahmenkonvention der Vereinten Nationen (Patricia Espinosa)

(13. Juli 2021, UN-Campus Bonn)

**Frage 1**

In your view, what is the greatest strength and the greatest weakness of the Paris Agreement? In what way has its implementation been a success so far and in what way should it have been constructed differently?

**Antwort zu Frage 1**

The greatest strength of the Paris Agreement is that it is a global agreement, a multilateral agreement, to address the greatest threat to this generation and generations to come: climate change. When you step back and look at the big picture, its adoption was a significant achievement and an excellent framework for tackling this enormous challenge for humanity. It's literally a roadmap for preserving humanity's future upon this planet.

This year, it is especially important because it can also provide a foundational guide for nations looking to build forward from COVID-19. There is so much the Paris Agreement can do. It addresses everything from transparency to climate finance to carbon markets to education to gender – an exhaustive list. Its real strength, however, is this idea of consensus of upholding the rules-based international order. Bilateral agreements won't solve the problem. A few companies won't either. The only way we'll truly address climate change is if all sectors of society work in concert aligned globally under a common framework – which the Paris Agreement provides.

I believe there is little to quarrel with in terms of the structure of the Agreement itself. The greater concern is the danger of delay: of nations not yet moving it from adoption to implementation. There is a world of difference between the two. Adoption of a goal or an agreement is aspirational. Implementation is agreement on a specific approach, a set of common guidelines and then practical application. While we have some implementation of the Paris Agreement, we're still not at *full* implementation. The threat in not finalizing the Paris Agreement is really the threat we've always faced with respect to climate change: its impacts are growing exponentially worse and we're running out of time. We must rapidly increase our climate ambition and our action. Only a fully implemented Paris Agreement can facilitate that work.

**Frage 2**

COP24 has set off a drafting process for a "rulebook" for the Paris Agreement's implementation. What would you say are the most important „rules" to be discussed at COP26? What are the chances of States Parties coming to an agreement?

**Antwort zu Frage 2**

I think it's important to clarify that there is no "rulebook" for the Paris Agreement. This is a consensus-based Agreement where Parties agree to a common set of guidelines that are balanced and respective of each nation's capabilities and abilities. "Rulebook" is a term the media uses – it's not ours.

I know you want accuracy for your paper, so let me try and explain.

When delegates adopted the 2015 Paris Agreement, it was clear that further details needed to be negotiated on *how* the agreement would be implemented fairly and transparently for all.

Countries set a deadline for themselves to complete these negotiations on the implementation guidelines. That date was set for 2018 at COP24. To achieve it, countries began negotiating in 2016.

They got there in Katowice, Poland. The Katowice Package, as it came to be known, set out those procedures and mechanisms that will make the Paris Agreement operational.

Now, I know this all sounds very bureaucratic. But the point is that the successful adoption of these guidelines promises to build trust and cooperation on finally getting the Paris Agreement fully implemented.

Now let's look ahead to COP26 because you're right, there are still areas – quite a few areas, actually – that still need to be dealt with.

Here are three examples:

Nations have to deal with the issue of what is called **Article Six.** This is a big one because it has to do with how carbon markets will operate. I don't wish to oversimplify what is a complex set of negotiations, but we do know business and governments throughout the world essentially want a signal to how these markets will operate, how carbon is to be priced and so on. Right now, we do not have consensus between Parties on how this will be accomplished. The issue has been outstanding for several climate conferences and, yet, we must see a resolution. We feel we must achieve success at COP26. The good news is that Parties remain engaged on this issue and we continue to encourage them to bridge their differences.

Another area is with respect to transparency and developing what is called an **enhanced transparency framework.** This has to do with how Parties under the Paris Agreement report and review all the information they agreed to submit. In other words, are nations doing what they said they'd do?

And we must align this with an important part of the Paris Agreement: the principle of *common but differentiated responsibilities and respective capabilities in the light of different national circumstances.* We got a foundation put in place in Katowice, but it needs to be finalized.

There is also the outstanding issue of **finance** and – if you really look at the big picture – this is about more than money; it's about trust and ensuring commitments are met.

Under the Paris Agreement, developed nations agreed to mobilize $ 100 billion to developing nations to help them address climate change. The ways in which this funding is mobilized – whether by loans, grants or through private institutions – are complex and varied. The bottom line, however, is that nations have still not met this commitment.

Why does it matter? First, it was a commitment agreed under the Paris Agreement. Second, developing nations need it to not only take climate action today, but to increase ambition for the future. Third, we currently hear a lot of talk by developed nations about 2030 and 2050 and about more and more pledges for future climate action. These are all extremely important, but it's very difficult to establish the trust that these commitments will be met if our commitments for 2020 remain outstanding.

**Frage 3**

The Initial UNFCCC Synthesis Report indicates that the NDCs submitted as of today by far won't achieve the objectives of the Paris Agreement. Against this background – do you think the international community should – in the long run – work towards an amendment to the Paris Agreement (e.g. including minimum requirements for NDCs or possible sanctions in case of non-compliance)?

**Antwort zu Frage 3**

It's important to note that UN Climate Change is not in the role of an advocat. We cannot "tell" nations what to do collectively any more than we can tell sovereign nations what to do with their domestic legislation. Simply put, that's not our job. The issue you raise is one the Parties, if this was an avenue they wished to pursue, would have to do so collectively. We are here to support Parties with respect to the collective decisions they make under the UNFCCC, Kyoto Protocol and Paris Agreement.

What I can tell you is that NDCs, as they currently stand, do not put humanity on a trajectory to limit global temperature rise to 1.5°C by the end of the century – which is what the Paris Agreement says we should ultimately try to achieve. In fact, we are heading in the opposite direction, and fast. Current estimates put us on a trajectory to more than double that number by the end of the century. The WMO recently indicated we could temporarily hit the 1.5°C mark sometime in the next five years. If that's not a warning sign we need to move faster, I'm not sure what else is.

The good news is that the next NDC Synthesis Report, to be delivered prior to COP26 will likely give a more complete picture of NDC progress and include more major emitters than the one released earlier this year. However, we continue to call upon all nations to submit more ambitious and high quality NDCs immediately.

Zeitfracht Medien GmbH
Ferdinand-Jühlke-Straße 7
99095 Erfurt, Deutschland
produktsicherheit@kolibri360.de